黄河水利委员会治黄著作出版资金资助出版图书

明清治河概论

张含英　著

黄河水利出版社

·郑州·

图书在版编目(CIP)数据

明清治河概论/张含英著.—郑州:黄河水利出版社,2014.11

ISBN 978-7-5509-0989-2

Ⅰ.①明… Ⅱ.①张… Ⅲ.①治河工程-中国-明清时代-文集 Ⅳ.①TV882-09

中国版本图书馆 CIP 数据核字(2014)第 292030 号

出 版 社:黄河水利出版社

地址:河南省郑州市顺河路黄委会综合楼 14 层　　邮政编码:450003

发行单位:黄河水利出版社

发行部电话:0371-66026940、66020550、66028024、66022620(传真)

E-mail:hhslcbs@126.com

承印单位:河南省瑞光印务股份有限公司

开本:890 mm×1 240 mm　1/32

印张:6.625

字数:191 千字　　印数:1—1 000

版次:2014 年 12 月第 1 版　　印次:2014 年 12 月第 1 次印刷

定价:35.00 元

作者自序

我国治河有悠久的历史，而独论明清者何也？盖以明清的政治中心在河北，而经济基地则在江南，“官俸军食”之所需，端赖纵贯南北的运河漕运。而漕运的畅阻，则视黄河的安危而定。所以统治者对于黄河的治理极为关注，设高官、发国帑以事河，历久不息。然以黄河既有其难治的自然特点，又有其不得治的社会原因，灾害依然频繁。由于治河要求之迫切，因之治河的议论至广，刊行的专著亦多，涉及历代策略，贯串往古史实。论明清亦可以略窥历代治河的演变，探索其成败的根源。

今日治河，已沿着现代科学技术发展的道路突飞猛进，又为何研究古代的经验？诚然，今日治河已经取得巨大的成就，使黄河面貌大为改观，并正沿着新的道路继续前进。但仍须承认，我们还有许多问题尚待解决。从今天看来，古人的治河理论根据和技术措施是比较落后的。但古人所涉及的问题，则大都为治河的关键所在。有的已经初步解决，有的还没有解决。我们以现代科学技术的观点回顾过去，总结经验，不是很有益的吗？况且，现代的许多治河措施，还是在前人的基础上发展起来的。例如，下游两岸的绵亘长堤，分洪泄流闸坝，大型引水灌溉及水运交通的设施，等等。换言之，现代科学技术是在古代科学技术的基础上发展而来的，回顾一下历史，不是也会得到启发吗？

本书的编写，从治河的观点出发，引用了丰富的史料，以治河的策略措施为纲，进行章节的安排。而在陈述各家议论时，则以年代为序，冀以了解前后的演变过程。在论述本书主题之前，首先概述明以前的黄河治理，并说明明清黄河概况，这是当时治河的客观背景。其次叙述明清治河的主要目标，这是拟订治河方案的指导准绳。及入主题，则分述治河中各项问题的议论和措施。最后试析明清治河的正反两面经验。

本书初稿完成于一九六六年初，一九七二年开始从事校订，章节安排上亦略有变动。以后又时有修补。然以明清治河文献繁多，未能广事阅览，又加之作者对于历史、地理素无研究，治河知识又落在时代后面，肤浅不当之处在所难免，敬希读者指正。

定稿过程中，复承郭涛与蔡蕃同志赐予协助，深表谢忱。

张含英

一九八四年九月

《明清治河概论》再版凡例

一、本书的再版，坚持既忠于原著作，又方便研究与学习的原则，在尽可能保持原著作风格与面貌的同时，也作了一些技术处理。

二、再版时，对于一些用语根据国家有关出版法规作了规范化处理。如“建国后”、“解放后”均改为“新中国成立后”，“内蒙”均改为“内蒙古”，“宁夏自治区”均改为“宁夏回族自治区”等。

三、对于书中错误的人名、地名、时间进行了更正。如“苏辄”改为“苏辙”，“徐洲”改为“徐州”，“民国三十一年（一九四三年）”改为“民国三十一年（一九四二年）”等。

四、本书中的计量单位，有用词不规范之处，再版时进行了完善，比如将“立米”改为“立方米”等。

五、对于书中的别字、衍文、错字，再版时进行了改正。

六、对于本书中的不当标点，依照我国现行的《标点符号用法》进行了订正。

目　录

第一章　明以前黄河治理概述

黄河流域是我国古代经济、政治、文化的中心地区，所以黄河的治理有悠久的历史，有一定的成绩，有丰富的经验。但是，长期的封建社会制度阻碍着生产力的发展。反映到治河工作上，就是科学技术发展缓慢，有时甚至停滞不前。

黄河的自然条件有其难治的特点，主要是含沙量大，这是世界上其他大河所难以比拟的。表现在下游河道上，就是容易淤高河床，使之迅速成为高出两旁土地的“地上河”。这也说明，它在下游大平原上的造陆工作还在较快地发展着。这是黄河难治的自然条件。封建社会，统治者势力割据，对于治理像黄河这样的大河，必不能做到统筹兼顾，全面规划，充其量也只能头痛医头，脚痛医脚。由于剥削阶级的极端利己主义，就连这一点有时也做不到。所以黄河的灾害是频繁而严重的，决口、堵口，再决、再堵，如此往复，年复一年，治河始终处于极为被动的局面。而在治河策略和方法上虽有所发展，但总观形势，发展是迟缓的。

为了研讨明清的治理黄河问题，首先要略述明清以前的治理概况。

第一节　历代治河重在下游

明清及其以前的历代统治者，治理黄河的主要对象在下游，也就是河南省郑州邙山头以东大平原上的河道。虽偶有谈及上中游者，实际工作则甚少。例如，汉武帝时，齐人延年建议从今内蒙古自治区后套决河东流改道，上书说：“河出昆仑，经中国，注渤海。是其地势西北高而东南下也。可案图书，观地形，令水工准高下，开大河，上领出之胡中，东注之海。为此，关东长无水灾，北边不忧匈奴……此功一成，万世大利。”书奏，上壮之。报曰：“延年计议甚深。然河乃大禹所道也。圣人作事,为万世功,通于神明,恐难改更。”①又如,王莽时,大司马史张戎认识到黄河泥沙为害的严重性,提出改善的设想,他说:“水性就下,行疾则自刮除成空而稍深。河水重浊,号为一石水六斗泥。今西方诸郡,以至京师东行,民皆引河渭山川水溉田。春夏干燥,少水时也,故使河流迟,贮淤而稍浅。雨多水暴至则溢决,而国家数堤塞之,稍益高于平地,犹筑垣而居水也。可各顺从其性,毋复灌溉,则百川流行,水道自利,无溢决之害矣。”②张戎“毋复灌溉”的建议自不全面,但却认识到,为了减少下游的淤垫应对上源加以控制,惜少所建树。

汉成帝时(公元前三二至一七年)氾胜之总结农业经验,作农书十八篇,内有区种法。用区种法之田称为区田。据有人分析,其法颇与现代黄土高原的水土保持措施相类似③。黄土高原的水土保持工作为根治河患的重要措施,而古人注意者殊少。当然,据史书记载,古人对于上中游、干支流也曾进行了一些建设性的工作,如本章第三节所述,但仍居于次要地位。

第二节　治河思想与河工技术在实践中不断发展

黄河下游广大劳动群众在与洪水搏斗中,取得了一定成绩,在总结经验中,不断有所创造有所前进。

从黄河下游开始有人类居住起,直到传说中的伏羲时代止,人们还过着渔猎生活,“逐水草而居”,“择丘陵而处”。对于洪水采取了“逃避”的态度。而当时最大的威胁还是猛兽的侵害。到了传说中的神农时代,有了农业,有了较多的生活资料和生产资料需要保护,经过长期的斗争经验,创造了“僝”和“堙”的防御洪水方法。据说,“僝”是“以柴木壅水”。“堙”是壅土填筑,也就是俗语“兵来将挡,水来土堙”的意思。这都是防止洪水侵入的办法。

①、②《汉书·沟洫志》。
③《人民黄河》第二篇第二章。

据载，到了尧、舜以后，对于治水就开始用“疏”和“分”的方法，并且说是禹首先使用的。僝和堙是以挡水来防止洪水，疏和分是以宣泄来减免水患。根据出土文物和古代传说，这时黄河流域的农业和畜牧业已相当发达，所以对于防洪的要求也更进一步；而且有了原始的工具，也就促进了治水方法。一直到周代，大都把疏和分作为与黄河斗争的主要形式①。

大约到了春秋（公元前七二二至四八一年）战国（公元前四〇三至二一一年）时代，就出现了以长“堤”防水的方法。这种方法究竟始于何时，已不易查考，当是“僝”和“堙”的发展。不过这时文献中，对堤防已多所记载。如《韩非子·喻老篇》说，当时魏国的白圭已经注意到“千丈之堤，以蝼蚁之穴溃”。关于堤的创始时间，古人多有争论。如汉代贾让说：“堤防之作近起战国”；也有人说，鲧治水的堙就是筑堤；明代还有人认为，禹治水也用堤。不过，比较有系统的两岸长堤，必是经济发展到一定程度的产物。随着社会生产力的发展，春秋战国时代手工业和商业也发达了，黄河两岸出现了很多大城市，人口亦增。同时，金属工具已经为群众所广泛使用。这时对于防水的要求也更为提高，修筑较有系统的堤防是可能的。当然，堤的发展也必是逐渐形成的。上古之时，既已有“水来士堙”的经验，随着生产力的发展，春秋或者更早亦必逐渐有了堤的雏形。迨至战国，诸侯兼并，黄河下游主要在魏、齐国境，为修建两岸绵亘的长堤创造了条件。这正是贾让“堤防之作近起战国”的堤防。

秦汉以后，以迄宋元，对于治水技术均有所发展。例如，石堤的修筑，遥堤、缕堤、月堤的兴建，木龙、石板、埽工护岸的采用，桩料、梢薪、铁、石堵口的实施，扬泥车、浚川耙的制造，裁弯取直的河道整理，水流涨落变化的观测，泥沙淤塞严重的认识，泥沙运行规律的摸索，等等。明清对此亦均有所建树和发展。

---

① 《人民黄河》第二篇第二章。

第三节　黄河水运的开发和农田水利的发展

古代黄河下游的治理，除了防范洪水以外，主要是水运的开发。《禹贡》所记各州的运道均通过黄河以达帝都。春秋战国有鸿沟以通黄、淮水系，并转而达于长江。其后隋元运河系统的开发均与黄河有着密切关系。

周代的鸿沟[71]①就是贯通几条河流的大运河。《史记·河渠书》载：鸿沟"通宋、郑、陈、蔡、曹、卫，与济、汝、泗会"。它的外围更为广阔，由淮河经淝水，可以到长江，经邗沟[72]、堰渎[73]和胥浦[74]，可以通长江、太湖、东海。从济水[4]又可以到齐国。鸿沟所联络的运河网，加强了当时各诸侯国的物资交流和文化联系。

上述运河的疏通，大概在春秋战国时代，也就是近人考据《禹贡》写作的时代。沟通长江和淮河的邗沟，沟通长江和太湖的堰渎，沟通太湖和东海的胥浦，都是春秋时（公元前七二二至四八一年）开凿的。又，战国时，魏惠王九年（公元前三六二年）迁都大梁[75]。次年，开运河，引黄河水东到圃田泽[76]，又东到大梁（今开封）城北，转而向南，顺沙河入颍，据说就是鸿沟。鸿沟的首段后来就成为汴水[155]的一部分。

隋炀帝以东都洛阳为中心，在公元六〇五至六一〇年间，为了游览和搜刮资财，发动劳动人民开辟了分布全国主要地区的运河系统。如通济渠[77]，从河南成皋，经郑州、开封、商丘、永城、宿县、灵璧、泗县，由盱眙入淮河。又经山阳渎[78]，由淮安至扬州。又经江南河[83]，从镇江穿太湖流域到钱塘江边的杭州。这是从当时京都长安，经黄河，再顺所开运河到杭州的水道。又如永济渠[79]，引沁水东流入清河（即卫河）到天津，沟通沽水[80]和桑乾水[81]，以达涿郡[82]。这是从长安到北方的水道。这些水道系统，沟通今海河、黄河、淮河、长江、钱塘江等水系。

元都大都[84]，为了统治集团官食军饷的供应，又建立了一个水运系统。至元二十年（公元一二八三年），开辟山东济宁与东平间的济州

---

① 凡有这样阿拉伯数字标记的，参考附录一"地名注释"。

河[85],以沟通汶、泗水运。南来船舶,可以经泗水[23]、汶水,转入大清河[4],由利津出海。至元二十六年,开会通河[3],从山东东平附近的安山起,经寿张、聊城到临清,通卫河。又开大都通白河的通惠河[86]。这样,连同泗水以南的山阳渎[78]和江南河[83],临清以北卫河和白河,就基本完成了现代南北运河的规模。不过,会通河[3]、济州河[85]和泗水经常遭受黄河的侵袭,而前二者的水源也不充足,是运河上的薄弱环节。

现在从北京到杭州的运河,是明清时代陆续改修完成的,全长约二千公里。在这时期,曾利用黄河的一段作为运河的河道。

汉唐为了供应帝都(长安)之所需,也曾对潼关以下的一段黄河作了治理。例如,"阌乡[93]之湍,三门[94]之险",曾为航行者所胆寒,历代均有治理。《汉书·沟洫志》载:鸿嘉四年(公元前一七年),"杨焉言:'从河上下,患砥柱[10]隘,可镌广之'。上从其言,使焉镌之。镌之裁没水中,不能去,而令水益湍怒,为害甚于故。"又如,魏景初二年(公元二三八年),派人经常修治砥柱到五户[95]间滩险。这类记载还不少。

黄河流域还有最古老的大灌溉区。大平原边缘的大灌区是引漳工程。战国魏文侯时(公元前四二四至三八五年),邺[87]的地方官西门豹,发动劳动人民开凿了十二条渠,引漳水灌溉。黄河上中游和支流的灌溉事业,古时已有发展。例如,宁夏回族自治区河套的汉渠,相传创始于汉代。宁夏的唐徕渠,有的也说创始于汉。如《唐书》载:"李听复光禄故渠,或系汉渠而复浚于唐,故名唐徕渠。"这些渠道经过历代修护,迄今仍在。古老渠道的创始年月虽不可考,但是,根据历史记载,汉武帝等用兵所到的地方,常驻大量部队,为了屯田就须灌溉。所以这种传说是有些根据的。支流的灌溉,有史可考的最早的是郑国渠。公元前二四六年,秦始皇采纳韩国水工郑国的建议,从谷口[88]引泾水灌田四万顷(按:当时一亩约合现在零点五二亩,共约合二百万亩)。《史记·河渠书》写道:"……于是关中为沃野,无凶年,秦以富强,卒并诸侯。"以后历代也有兴修。现在的泾惠渠引水口,在谷口以上。古时青海也有灌溉。汉武帝时(公元前一四〇至八七年),赵充国在湟中[89]屯田,就引湟水灌溉,直到现在还有一些引水渠道在使用。同时,还在关中修建龙首渠、灵轵渠等灌溉工程。可见我国利用黄河及其支流的水源有悠久的历史,应用范围很广,规模很大。因之,经验也是丰富的。

黄河是多泥沙的河流,引水灌溉不只为了用水,而且为了改良土壤,增加肥力。《汉书·沟洫志》记载一首关于白渠的歌:“田于何所,池阳[90]谷口。郑国在前,白渠起后。举臿为云,决渠为雨。泾水一石,其泥数斗。既溉且粪,长我禾黍。衣食京师,亿万之口。”白渠是郑国渠失效后,汉武帝太始二年(公元前九五年)修建的新渠。关于引漳也有相似的记载:“邺有贤令兮为史公,决漳水兮灌邺旁,千古舄卤兮生稻粱。”这次引漳是魏襄王时(公元前三三四至三一九年),邺的地方官史起发动劳动人民所修①。这两段记载,史家虽把引泾和引漳的功绩归于统治阶级,但由此亦可见当时劳动人民的创造,引水溉地、引洪放淤等措施都已见诸实行了。

此外,古时下游大平原多泽薮,水产及其副业当均有所发展。

防御洪水,发展航运,灌溉农田,改良土壤,都是发展经济、促进生产的重要措施。这些措施都和黄河的治理有密切的关系,也是治理工作的内容。这里作一简略的叙述,用以说明我国古代劳动人民,在与自然的斗争中所积累的经验是丰富的,为以后的治理提供了有利的条件。

第四节　对黄河泥沙的认识与治理

在黄河下游水患的防范与治理上,治水必须治沙的认识逐步有所提高。在认识到泥沙问题在治河中的重要性以后,对于水沙并治,各家意见也颇为一致。但由于治理方法之不同,则引起很多争论。

黄河是以含沙量大闻名于世的。古时已经知道这一现象,并且知道利用泥沙改良土壤,前文已有引述。王莽时的张戎,已经发现河道淤积是造成水患的一个原因②。后世的治河意见,也莫不针对洪水与泥沙两个因素着眼。欧阳玄的《至正河防记》是关于元末至正十一年(公元一三五一年)贾鲁堵塞白茅堤决口的记述。这篇文章开头就说:“治

① 《吕氏春秋·乐成篇》。

② 《汉书·沟洫志》。

河一也,有疏、有浚、有塞。”所记的治河三种方法,也可以说是对于当时治河方法的总结。其中就考虑到泥沙的因素。由于泥沙为害的严重,所以把分疏、挑浚、堵塞(固堤)三者并列。但是,对于黄河运行规律的认识是逐步深入的,而各家的意见又每从个人认识的角度出发,因之畸轻畸重,就不免有所分歧。

宋代对于水流涨落的变化规律便有了进一步的认识,并且以“物候为水势之名”①。后世的凌汛、桃汛、伏汛、秋汛等名称,就是由各月物候名称演变而来的。

宋代对于泥沙运行规律的认识也有所发展。

宋仁宗至和年间(公元一〇五四至一〇五五年),欧阳修反对李仲昌六塔河[96]改道的建议,上书说:“河本泥沙,无不淤之理。淤常先下流,下流淤高,水行渐壅,乃决上流之低处,此势之常也。”苏辙反对恢复故道,上书说:“况黄河之性,急则通流,缓则淤淀,既无东西皆急之势,安有两河并行之理?”范百禄、赵君锡也说:“乃知水性就下,行疾则自刮除成空而稍深,与《汉书》大司马史张戎之论相合……且河遇平壤漫滩,行流稍迟,则泥沙留淤。若趋深下,湍激奔腾,惟有刮除,无由淤积。”又,元祐八年(公元一〇九三年)七月,广武[97]埽危急,群臣议论,奏说:“此由黄河北岸生滩,水趋南岸。今雨止,河必减落。”②及到明代,潘季驯提出“以水治水”的议论,就是“筑堤束水,以水攻沙”③。可见,对于泥沙运行逐渐有所认识,而且将治水与治沙紧密联系起来。

第五节　“复故道”与各种改道方案

由于黄河下游有“善淤、善决、善徙”的特性,决口改道是频繁的,将在第二章第二节叙述。所以在黄河决口之后,便常有“回归故道”与“听河改流”,或应走“南道”与“北道”的争论。就大轮廓来说,黄河有北道、东道、南道之分。北道即所谓禹河,或其近似的河道,从天津一带

---

①、②　《宋史·河渠志》。

③　潘季驯《河防一览》卷二《河议辩惑》。

入海;南道如明代河道,夺淮入黄海;东道大体近似现在河道,夺大清河或其邻近河道入渤海。至于小范围的走南或走北的争论就更多了。

黄河由于善淤,因而善决、善徙。这是古人对于黄河的总结①。可是,这只是自然的原因。决口与改道还有社会的原因。其所以徙,大都由于故道淤高而难复,但也可能由于不治而改道,或由于其他原因而改道。要根据具体情况,作具体分析。由于崇古心重,常不顾事实,惟古法是尊。从以下诸例可见这一问题的复杂性。

汉成帝鸿嘉四年(公元前一七年),勃海[98]、清河[99]、信都[100]河溢,灌县邑三十一。孙禁建议,可决平原金堤间,开通大河,令入故笃马河[26]。许商以孙禁所议在禹时九河以南,不可许②。这是从崇古思想立论。

到了宋代,河益南滚。河系既极紊乱,又加入御辽的要求。因之,或北或东的争论更多。庆历八年(公元一〇四八年),黄河北流,沿今卫河一带,自天津入海。此后就出现了两个对立的意见:一派主张塞北流,回归东道;一派主张维持新道,不再归故。以后又数次决口,并引起几次论战。

元至正四年(公元一三四四年)河决,注入渤海。贾鲁主张塞北河,复故道(即明人所称的贾鲁故道[1],或汴水故道)。成遵则认为故道不可复。成遵不仅从河流形势立论,还说:"济宁、曹[181]、郓,连岁饥馑,民不聊生。若聚二十万人于此地,恐后日之忧,又有重于河患者。"怕的是农民起义,危及封建政权。

可见,北道、东道或南道的争论,不只单纯地从河道形势和经济、技术等因素考虑,还有政治因素、思想因素。

第六节　分疏与筑堤之争

在治理黄河的策略上,分疏与筑堤的争论最为激烈,历时已最久。

从战国时起,黄河下游两岸修筑长堤约束水流之后,堤一直存在

① 刘天和《问水集》。

② 《汉书·沟洫志》。

着，没有废除。但是由于河患依然频繁，怀念大禹治水成功的人，便向往分疏而反对筑堤，且常奉贾让《治河策》为代表。然堤既难以废除，乃采取多支分泄的方法。分疏与筑堤的争论，以明早期最为显著，将于以后有关章节加以论述。

第七节　历代治河的时代局限

历代治河的主要目的，是为了满足统治阶级的要求，而治河策略随之。从有比较详细的历史记载时起，以迄半殖民地、半封建社会，治河的主要目标都是服从统治阶级或当权者的利益。甚至以黄河洪水为武器，争夺权势，残害人民。

汉武帝元光三年(公元前一三二年)，河决瓠子[22]，泛滥十六郡。当时丞相田蚡的封地(按：指帝王所给的土地)在鄃[101]，河水南决后，他的食邑可以不再遭水灾，于是对武帝说："江河之决皆天事，未易以人力为，强塞之未必应天。"因而久不堵塞。以后还是由武帝堵塞的。王莽始建国三年(公元一一年)，河决魏郡[28]，泛清河[99]以东数郡。王莽认为河水东流，他在元城[18]的祖坟可以不忧水淹，遂不堵塞，任其改道。这些就是统治阶级为其个人私利，对于治理黄河所采取的态度。北宋利河守边，元朝利河南行，其治河策略随之。利河为攻守工具的例证，史不乏书。秦始皇二十二年(公元前二二五年)，秦将王贲攻魏，决河水淹大梁[75]。五代人工决口之事亦不乏其例。

上述历代治河情况，到了明清时代更有发展。容详论之。

第二章 明清黄河概况

第一节 明清黄河河道形势

黄河下游决口频繁,迁徙不常,而且变动幅度很大。所以要想用简单的语言,说明较长时期黄河河道的地理形势,是比较困难的。比如说,黄河在明清两代,下游是从什么地方,流经什么地方,又从什么地方入海。就很容易给人这样一种印象,在这段较长的时期里,黄河是比较固定在这样一个河道上。而实际情况却不是这样。所以还必须从河道变迁形势说起。

根据黄河水利委员会所编的《人民黄河》的统计(这个统计虽然还有可议之处,但大体上尚足以说明一些问题),在一九四六年以前的三四千年中,黄河决口泛滥达一千五百九十三次,较大的改道有二十六次。改道最北的经海河,出大沽口,最南的经淮河,入长江。黄河水灾波及的广大地区,约为其下游的二十五万平方公里的冲积平原。仅在明代(公元一三六八至一六四四年)的二百七十六年间,黄河决口和改道就达四百五十六次,平均约每七个月一次,其中大改道七次。清初到鸦片战争(公元一六四四至一八四〇年)近二百年间,决口达三百六十一次,平均约每六个半月一次。从鸦片战争到一九四六年人民解放战争以前的一百零五年间,决口和改道二百二十九次,平均约每五个半月一次,其中大改道两次。改道是河道有较大幅度的变迁,多年又回归故道,或者不再回归故道而行经新道。在决口之后,也常有几年不堵,并且时常有意地使几个支河分流下注。对于上述统计数字各家还有不同的意见,但已可略示一般情势。换言之,在较长的时期内,与其说,黄河有一个固定的河道,不如说,它经常在变迁着。因之,黄河的灾害是十分严重的。

但就河流变迁大势说，在宋室南迁之后，自河南开封而东，河势渐趋东南（详见本章第二节），由淮河入黄海。元末，顺帝至正四年（公元一三四四年），黄河在山东曹县西南的白茅堤决口北流，侵及山东东平西南的安山[2]，北沿会通河[3]，东注清济河[4]，分两股向河北的河间和山东的济南一带，注入渤海。而元朝统治者每年需从江南一带搜刮漕米二三百万石，由远输送京师（今北京），以资维持。黄河改道北流，就破坏了南北大运河的运粮航道。为了改善漕运，搜刮资财，于至正十一年，征民夫十五万，调戍军二万，派贾鲁治河，使归故道，即由归德（今河南商丘地区）东经徐州合泗水，南流到淮阴汇淮河东入黄海。这就是后人所说的"贾鲁故道"。

明代潘季驯曾叙述贾鲁故道所经历的地点，说："查得黄河故道，自虞城以下，肖县以上，夏邑以北，砀山以南，由新集历丁家道口、马牧集、韩家道口、司家道口、牛黄堌、赵家圈，至肖县蓟门，出小浮桥[48]，此贾鲁所复故道，诚永赖之业也。"①但是明代始终未能恢复徐州以上的"贾鲁故道"。明代前期，河流极为混乱，经常是多支分流。明代后期，实行筑堤束水方策，徐州以上的河道基本被固定在"贾鲁故道"的北面，由徐州经泗水入淮。清代则是千方百计巩固、维持这条河道。迨至清末，于咸丰五年（公元一八五五年），黄河在河南兰阳（今兰考）铜瓦厢决口北流，改行现在河道。

清代冯祚泰说："元明以来，治河者皆不出鲁（按：指贾鲁）之区域，其治河济运之法，不出鲁之设施。"又说：元"泰定元年（公元一三二四年）河始行汴渠[1]，至徐州东北，合泗入淮，贾鲁所指为故道者也。"②至于黄河入汴年月，各家则意见不一，目不详论。

在略述黄河历代改道概况之前，兹先引清代《皇朝通志》所记黄河流经地区。这一记载大体上表达了明孝宗弘治七年（公元一四九四年）刘大夏北筑太行堤，又历经隆庆、万历年间万恭、潘季驯修筑两岸堤防以后，到清咸丰五年（公元一八五五年）改道以前所欲维持的

① 潘季驯《河防一览》卷二《河议辩惑》。

② 冯祚泰《治河后策》下卷《贾鲁治绩考》。

河道。

《皇朝通志》记载,略示明清黄河"南道"所经地区:"……又经荥阳县北。又东经荥泽县北,原武县南,郑州北。又经阳武县南,中牟县北。又经延津县南,祥符县[5]北,封邱县南,陈留县北。又东南经兰阳、考城县北。又东入山东界,经曹县南。又东经单县南。又东流入江南[156]界,为砀山县北,丰县南,沛县南,肖县北。又东经徐州府城北,又经邳州南,睢宁县北。又东南经宿迁县南,桃源县[6]北。又东南至清河县[7]南,即清口[102],淮水洪泽湖来会。东北流经山阳县[8]之清江浦[116]北,经阜宁县北,安东县[9]南。又东北过云梯关[117]入海。"①

第二节　明以前的黄河主要变迁

黄河下游二十五万平方公里的冲积大平原,基本上是黄河从上、中游挟带大量泥沙长年累月淤积所成。换言之,在这个冲积大平原上,到处都是黄河流经泛滥的地区。这是从传说到文字记载所不能尽述的。为了简便起见,常有所谓"北道"、"东道"、"南道"之称。所谓北道大都指"禹道"(说明见下文)及其左右的河道。所谓东道大都指现行河道及其左右的河道。所谓南道大都指明清所行河道及其左右的河道。

又有"六大迁徙"之说:河道从"禹河"初徙于周定王五年(公元前六〇二年),再徙于王莽始建国三年(公元一一年),三徙于宋仁宗庆历八年(公元一〇四八年),四徙于宋光宗绍熙五年(公元一一九四年),五徙于明孝宗弘治七年(公元一四九四年),六徙于清文宗咸丰五年(公元一八五五年)。

至于《人民黄河》二十六次改道的意见,和以上各说一样,均有不同的看法。不过它述说河道的变迁比较详细,也就更能表示黄河在大平原上纵横泛滥的情景。因而便以此为纲,略作补充说明,概述河道变迁。

说到黄河的大改道,大都以传说中的禹河故道为起点。相传禹治

---

① 《续行水金鉴》卷二、卷三。

水完成于帝尧八十载(公元前二二七八年)。关于禹道的地理位置,大都根据《尚书・禹贡》的记载。《禹贡》的记载也很简略,全文如下:"导河积石[14],至于龙门。南至于华阴,东至于砥柱[10],又东至于孟津。东过洛汭(按:指洛河与黄河会合的地方),至于大伾[11]。北过洚水[12],至于大陆[13]。又北播为九河,同为逆河入于海。"大禹治水是一个传说。据近人考据,《禹贡》是战国时作品。所以《禹贡》所记载的河道,可能是战国以前,或周定王五年(公元前六〇二年)以前所行经的情况。对于这一记载,各家注释颇多,意见不一。而对于九河和逆河的解说,尤多牵强。然以年代久远,且原记简略,对于各家意见,只可参考,不能拘泥。

现在根据《大清一统志》所释《禹贡》旧道的位置,举例如下:"旧河道自积石以下,至今荥泽县,与今水道并同。荥泽以下,自原武县北,经阳武、延津二县北,新乡、汲县南。又东北至浚县西南,大伾山在焉。折北行,经内黄、汤阴、安阳,会漳水。经临漳、大名、成安、肥乡、曲周、平乡、广宗,至巨鹿,古大陆泽在焉。又北经南宫、新河、冀州、束鹿、深州、衡水、武邑、武强、阜城、献县、交河、青县、静海、大城、宝坻,至天津直沽口,入于渤海。"①这是历史记载大平原上较靠西北的河道,一般称为"禹道",又常称为"北道"。

1. 周定王五年(公元前六〇二年),河决宿胥口,即今淇河与卫河合流处,流经路线在"禹道"的东南,大体似经今卫河左右,于沧州东北入海。据记载:河决宿胥口,东行漯川[15],经滑台[16]、戚城[17]、元城[18]、贝邱[19]、成平[20],至章武[21]入渤海。

2. 汉武帝元光三年(公元前一三二年),河决瓠子[22],即今濮阳西南,东南流向今山东省巨野,经泗水[23],注淮河。这次决河经山东省西南部,似即由赵王河[69]入泗水。这次变迁远离了北道,夺淮水入黄海。

3. 汉武帝元封二年(公元前一〇九年),堵塞瓠子决口,黄河回到第一次改道的路线。但同年又决馆陶沙邱堰,向南分流为屯氏河[24],与大河并行,流经今山东省临清、高唐、夏津一带,在平原以南流入大河。这次改道,只是从临清到平原的一段支河,位于大河东南,似经今马颊

① 《续行水金鉴》卷三。

河上游的一段。

4. 汉元帝永光五年（公元前三九年），河决灵县[25]鸣犊口，即今山东省高唐县南，水流东北，穿越屯氏河，在恩县以西分为南北二支：南支名笃马河[26]，经今平原、德县、乐陵、无棣、沾化入海，似今马颊河所经；北支名咸河，经今平原、德县、乐陵以北入海，似今四女寺河所经。这次，河更向东南移，渐近“东道”。

5. 王莽始建国三年（公元一一年），河决魏郡[28]，即今河南省南乐一带，流经今山东省朝城、阳谷、聊城、临邑、惠民，至利津入海。似今徒骇河所经，即“东道”。这次改道后流经年代较久。

6. 周世宗显德二年（公元九五五年），河决阳谷，流经大河以南，亦即今徒骇河以南，在长清以下又汇入大河。这次也只分出一段支河，名赤河，颇似今徒骇河支流赵牛河。

7. 宋真宗天禧四年（公元一〇二〇年），河决滑州[31]（即今河南省滑县）西北天台山。旋又决城西南岸，经现今黄河之南，注梁山泊[36]，南流入泗[23]。据载：经澶[32]、濮、曹[181]、郓一带，入梁山泊，东流入泗，注淮。七年后堵塞。这时河道再有南趋之势。

8. 宋仁宗景祐元年（公元一〇三四年），河决澶州[32]横陇埽，流入赤河，至长清仍入大河。宋人称为“横陇故道”[29]。按，滑县与阳谷间有濮阳、范县，阳谷与长清间有东阿。所称“横陇故道”大概沿今濮阳寿张间的北金堤东流，下端接赵牛河，经徒骇河入海。换言之，这次河道的上部，较之第六次改道又向南移。

9. 宋仁宗庆历八年（公元一〇四八年），河决澶州[32]商胡埽[33]，东北经大名，入卫河。流经今山东省馆陶、临清，河北省景县、东光、南皮，至沧县与漳河汇流，从青县、天津入海。宋人称为“北流”。这次改道又流入“北道”。有的河段还在传说中的禹河以北。

10. 宋仁宗嘉祐五年（公元一〇六〇年），河决魏郡（即今河南省临漳县）第六埽，经今南乐、朝城、馆陶，入唐故大河北支[27]，合笃马河[26]，东北经乐陵、无棣入海。宋人称为“东流”。颇似今马颊河所流经。

11. 宋神宗元丰四年（公元一〇八一年），河决澶州[32]小吴埽[34]，西北流，经今内黄，流入卫河。又改行“北道”。

12. 宋高宗建炎二年(公元一一二八年),河决浚县、滑县一带,经今延津、长垣、东明一带入梁山泊,由泗入淮。这次改道在宋室南迁后的次年,从此以后,黄河流经地带就发生了较大的变化。这次决口是宋东京留守杜充于该年冬季决开的,本图以黄河为军事分界,维持南宋偏安局面。但是,黄河并没有阻止金兵,只是给人民再一次带来严重的灾难而已。

13. 金世宗大定八年(公元一一六八年),河决李固渡[35],即今河南省滑县沙店镇南,经今山东省曹县、单县,安徽省砀山、肖县等地,至江苏省徐州入泗,注淮。大定二十年,北股断流,黄河全部入淮。这是以后长期走"南道"的开始。

14. 金章宗明昌五年(公元一一九四年),河决河南省阳武,经今延津、封丘、长垣、兰封、东明等地,入曹、单、砀、肖河道,由徐州入泗,注淮。决口地点较之二十六年前又向上提,阳武至东明间河道亦向南移。这条河道就是后人所称的"汴河故道"[1]。

15. 元世祖至元二十三年(公元一二八六年),河决河南省原武和开封,水分两路流向东南:一支经今陈留、通许、杞县、太康,注涡入淮;一支经今中牟、尉氏、洧川、鄢陵、扶沟,东南由颍入淮。开始了南流入颍、涡的记载。元统治者认为,黄河南行对己有利,沿新道筑堤,不再使黄河返回故道。

16. 元成宗大德元年(公元一二九七年),河决河南省杞县蒲口,东北流,行二百里,于归德横堤以下,又与其北的汴水泛道[1]合。元统治者利河南行,曾堵塞蒲口决口,但不久又决。

17. 元顺帝至正四年(公元一三四四年),河决曹州[181]白茅堤[37]和金堤,流至今山东省东阿,沿会通河[3]及清济河[4]故道,分北东二股,流向河间及济南一带,分别注入渤海。

白茅堤改道,不仅使人民遭受浩劫,也破坏了统治阶级的运粮河道。为了恢复漕运,搜刮资财,镇压百姓,同时也为了缓和当时十分尖锐的阶级矛盾和民族矛盾,于至正十一年(公元一三五一年)派贾鲁主持治河。当年冬,恢复汴河故道[1],黄河由徐州入泗,南流汇淮。但北流并未完全断绝,患时发生。

明以前的十七次大改道中，虽逐渐有从“禹河”向东南移的趋势，但在南宋以前，只有两次由山东省西南部入泗[23]注淮，为期甚短。大部时间经“北道”或“东道”。南宋而后，河流形势一变，主要经“南道”。元贾鲁挽归故道后，即所谓“贾鲁故道”[1]，为明前期行水的主要河道之一。

第三节　明清水患及河道变迁概况

明清两代不但决口频繁，泛滥面积极广，而且常有许多股分流，水系紊乱已极。现在先开列第十八次到第二十六次大改道的年分于次，然后再略述其变迁及泛滥情况。

18. 明太祖洪武二十四年（公元一三九一年）。
19. 明成祖永乐十四年（公元一四一六年）。
20. 明英宗正统十三年（公元一四四八年）。
21. 明孝宗弘治二年（公元一四八九年）。
22. 明武宗正德四年（公元一五〇九年）。
23. 明世宗嘉靖十三年（公元一五三四年）。
24. 明世宗嘉靖三十七年（公元一五五八年）。
25. 清文宗咸丰五年（公元一八五五年）。
26. 中华民国二十七年（公元一九三八年）。

元末，黄河下游恢复汴河故道以后不久，又发生了严重的决口。明洪武二十四年（公元一三九一年）三月河溢，四月又决于原阳的黑羊山[38]，经今开封城北，折向东南，经今淮阳、项城、太和、颍上，东至正阳关，由颍入淮。后人称为“大黄河”。这是历史记载较靠西南的河道，亦即第十五次改道的一支。仅有微流的汴河故道[1]，后人称之为“小黄河”。造成第十八次大改道。

永乐九年（公元一四一一年），开挖河南境内黄河故道，增筑堤防，挽回贾鲁故道[1]。但是，仍有支河从封丘金龙口[39]，经今金乡、鱼台，注泗水[23]，汇淮河。永乐十四年，又决于开封，南经今亳县、涡阳、蒙城，至怀远，由涡河入淮河。造成第十九次大改道。这次改道行经路线，本是第十五次改道的一支。

宣德十年(公元一四三五年),从金龙口分引黄河,通至张秋镇[40],以济运河。正统三年(公元一四三八年)、十年,三股分流。北股注张秋[40]的河道,中股走贾鲁故道,南股由涡河入淮的河道,到处溃决泛滥。

正统十三年(公元一四四八年)秋,河大决,由原来三股变为另外三股:北股由原武决口,向北直抵新乡八柳树,折向东南,经今延津、封丘、濮县到聊城、张秋,冲溃寿张沙湾[41],穿运河注大清河[4]入海;会通河[3]淤。中股在荥泽孙家渡[42]决口,南泛原武、阳武,经今开封、杞县、睢县、亳县入涡河,至怀远注淮河;原来的中股,即贾鲁故道淤塞,徐州以南运河[23]的徐吕二洪[43]浅涩。南股也是由孙家渡决口南泛,经洪武二十四年"大黄河"老道,即颍河,下注。造成第二十次大改道。

景泰四年(公元一四五三年)命徐有贞治河,仍然只注意运道,而黄河三股形势未变。天顺五年(公元一四六一年),河自武陟徙入原武、阳武的中段河道,北流自绝。

弘治二年(公元一四八九年),黄河大决于开封及沿河各地,河水向南、北、东三面分流。泛流范围甚广,自西南的颍河,东至今黄河道,历时较久。其中,南股又在中牟杨桥[44]和开封之间分为三支:一支经今尉氏向东南注颍河入淮河(原由荥泽孙家渡入颍之流断);一支经今通许注涡河入淮河(即原来入涡河的一支),另外一支,上段与贾鲁故道[1]约略平行,到归德,经亳县,汇涡河入淮河。北股由原武直趋今阳武、封丘,至山东曹县,冲入张秋[40]运河。东股由开封翟家口[45]东出归德,直下徐州,合泗水入淮河。造成第二十一次大改道。

经白昂、刘大夏治理后,弘治七年(公元一四九四年),大流归贾鲁故道[1]。但是,另外还有三个支河分流:一从归德经亳县,由涡河入淮河;一从中牟经淮阳,由颍入淮;一从归德经睢河,自宿迁小河口[46]入运河[23]。刘大夏又在北岸筑长堤二百六十里,名太行堤[47]。而南岸则任其分流。

第二十一次改道后,十多年间,初则北岸屡有决溢,后来主流又逐渐移至颍、涡二支,原来流水较多的贾鲁故道及睢河故道自行淤塞。不久颍、涡二支也渐淤塞。到弘治十八年(公元一五〇五年),入颍入涡的水断流，只有宿迁小河口[46]入运的河道。以河小难容，且于正德三年（公元一五〇八年）淤塞，黄河又经贾鲁故道，从徐州小浮桥[48]入运河[23]。次年，河从曹县杨家口[49]、梁靖口[50]决溢，直抵单县，围丰县城，南北宽一百多里，由沛县飞云桥[51]入运河。造成第二十二次大改道。其实，在过去四、五年间，黄河已经有几次变迁了。

以后，沿河各县不断受灾。单县、城武、丰县、考城、虞城等五个县城被淹，广大农村"田庐漂没，溺死人畜无算"。嘉靖六年（公元一五二七年），河又决徐州、曹县、单县、城武等地，冲入沛县鸡鸣台[52]，东流穿过运河入昭阳湖，泥沙沉积，运道大阻。于是，提出在昭阳湖东开一条长一百四十多里的新运河[53]以通航。但当时未能付诸实施，遂又在兰封赵皮寨[54]浚睢河，以分黄水入睢。嘉靖九年，又决曹县胡村寺，分几支下泄，洪水横流。

嘉靖十三年（公元一五三四年），黄河由赵皮寨决口，经睢入淮。兰封、仪封、归德、睢县、夏邑、永城一带被淹。向东的梁靖口[50]支河（即贾鲁故道）断绝。造成第二十三次大改道。这次改道由睢河承担黄河的全部水流。

其后，屡欲引水入贾鲁故道，不成。嘉靖十七年，又开考城孙继口[55]、孙禄口[56]支河，用以消除归德、睢县水患，并灌徐吕二洪[43]，以济运河。嘉靖十九年，睢县野鸡冈[57]决口，入涡河的水骤增，孙继口、孙禄口至徐州的河道又淤。又浚孙继口等三支河，使东经砀山、肖县到徐州，成为主流。其后，又连年溃决。

嘉靖三十七年（公元一五五八年），河决曹县东北，趋单县段家口[58]，到徐州、沛县分为六股入运，汇徐洪[43]。另由砀山坚城集[59]趋郭贯楼[60]，分为五股，由小浮桥[48]汇徐洪。贾鲁故道自新集[61]到徐州小浮桥，淤二百五十多里。造成第二十四次大改道。这是一次十一股支河汇徐洪的大变迁。

嘉靖四十四年（公元一五六五年），河决肖县赵家圈[62]，洪水泛滥而北，沛县上下二百多里的运河淤塞，徐州以上数百里间皆成洪水泛滥之区。其后，潘季驯先后四任河官，坚筑堤防，纳水流归于一槽，由泗、淮入海。虽泛滥不时发生，但力求避免多支分流现象，有决口则进行堵塞。治河策略为之一变。

迨崇祯十五年(公元一六四二年),明统治者为了淹没李自成农民起义军,掘开黄河南岸朱家寨[63],洪水冲进开封城,将城内三十七万居民淹死三十四万,造成全城覆没的大悲剧。

清初黄河决口仍极频繁。顺治七年(公元一六五〇年),河决封丘荆隆口[39],溃张秋[40],挟汶水由大清河[4]入海。顺治九年,决封丘大王庙[64],仍由上次决口水流路线入海。康熙元年(公元一六六二年),多处溃决;从开封黄练集[65]决,泛祥符[5]、中牟、杞县、通许、尉氏、扶沟;从归仁堤[66]决,冲入洪泽湖,直趋高堰[67],东注高邮、宝应、兴化。其后又多处数决。康熙十六年(公元一六七七年)靳辅治理后,小安十几年。康熙三十五年又决淮安,冲入射阳湖。康熙六十年(公元一七二一年),武陟决口,使大溜北趋,由大清河入海。清初数次北决,流经"东道",黄河北趋改道的形势有所发展。

其后又多次溃决,迄无宁日。二百年间,黄河虽未改道,但泛滥范围甚广,南至淮河支流的颍、淝、涡、睢和洪泽湖、高邮、宝应、微山、昭阳诸湖,北至大清河和河北省诸水,都一再受黄河的侵袭。

咸丰五年(公元一八五五年)六月,河决河南兰阳铜瓦厢,溜分三股北流:一股由曹州[181]赵王河东注,另两股由东明南北分泄,到张秋[40]会合,穿运夺大清河[4]由利津入海。张秋以西泛滥二十年,其后,只余东明南股为主流,大体上就是现在的河道。造成第二十五次大改道。这次由"南道"改行"东道"。

辛亥革命以后,仍时常溃决。民国二十二年(公元一九三三年),决口竟达三十二处,淹没冀、鲁、豫等省六十七县,一万二千平方公里的土地。民国二十七年(公元一九三八年),正当日本帝国主义大举侵略我国之际,蒋介石反动集团不事抵抗,节节撤退。为了掩护退却,竟于六月在郑州附近花园口,罪恶滔天地扒开黄河南岸大堤,决水涌向豫东、皖北、苏北的广大平原,造成了面积达五万四千平方公里的黄泛区,受灾人口一千二百五十万,淹死八十九万人,对中国人民欠下了又一笔巨大的血债。主流经河南省尉氏、扶沟、西华、淮阳、商水、项城、沈丘,到安徽,分别由颍、淝、涡等河汇入淮河。造成第二十六次大改道。民国三十六年（公元一九四七年）堵复花园口决口后，黄河又回归清咸丰五年所改行的故道，即今河道。

以上只是明清水患及河道变迁极为概括的叙述，看来头绪仍然很乱，尤其是明前期河道，经常几股分流，有时甚至达十三条支河汇流徐洪[43]，而决口又极为频繁。所以说，在大约五百年间，虽欲维持走所谓“贾鲁故道”，而实际上是经常洪水横流，给广大群众带来了严重、惨痛的灾难。更令人悲愤的是，反动统治者竟以洪水为攻守之具，决堤放水残害百姓的滔天罪行。所以说，黄河灾害之所以频繁严重，固有其技术的原因，而反动统治集团不问人民死活，则是社会的原因。

第三章　明清治河的目标

治河的主要任务是决定治河的策略和措施。明清值封建社会后期，治河主要是为了满足统治集团利益的要求。按照“民为邦本”的教义，对于沿河居民的安危当然要顾及。但在利害发生尖锐矛盾时，则必然牺牲后者。这在明清治河策略和措施上的表现是十分鲜明的。

第一节　治河的任务

明清治河的首要任务，明前期朝廷就有明确规定。明孝宗弘治六年（公元一四九三年），刘大夏奉命治河，诏书中说：“古人治河，只是除民之害。今日治河，乃恐妨运道，致误国计。其所关系，益非细故……然事有缓急，而施行之际，必以当急为先。今已春暮，运艘将至……今年漕船往来，有无阻滞。多方设法，必使粮运通行，不至过期，以失岁额。粮运既通，方可溯流寻源，按视地势，商度工用，以施疏塞之方，以为经久之计……”①这就指出了，保证漕运是治河的最迫切任务，是“国计”。这实际成为明清两朝治河的最高指针。

后来提出陵寝问题，而且为了动人视听，引起朝廷对某种治河方略或措施的重视，各种人物总是常常把陵寝问题摆在前面。例如潘季驯论述治河的任务时就说：“祖陵当护，运道可虑，淮民百万危在旦夕。”②这里提出了祖陵、运道、民生三项任务。常居敬对于三项任务，又定了个主次，说：“故首虑祖陵，次虑运道，次虑民生。”接着又加以申明说：“以淮域较运道，则运道重；以运道较祖陵，则祖陵尤重。”“盖祖陵背枕山冈，龙腾凤跃。淮黄二水，并会天心。真天造形胜，为圣子神孙万年

① 《明孝宗实录》，见《行水金鉴》卷二十。

② 潘季驯《河防一览》卷十一《停寝呰家营疏》。

锺祥孕秀之地。"①明朝祖陵在泗州城北，位于黄淮交会的上游。如果破坏了风水，朱家就要失掉皇位。实际上，运道最有现实意义，也最受重视。至于民生，陪衬一句而已。

明代后期张兆元对于三项任务更有详细的说明。他说："余尝考山海经，河（按：指黄河）自昆仑数千余里，至徐、邳，出清口[102]会淮，而东入于海。淮自桐柏挟七十二溪，至泗[174]、盱，经清口会黄，而东入于海。而我祖陵王气，屹然中峙，诚圣子神孙亿万年锺祥孕秀之地也。汉唐若宋，都秦都汴，岁漕粟不过数十万、三十万、二十万石而已。我国定鼎北平[103]，非四百万石无以恃命。非浮江绝淮，挽河越济[4]，无以通表京师。国家边陲，半倚鹾饷。无论六十万金场灶，星布淮扬，即林林总总之生齿高、宝、兴、盐、通、泰者，亦不可胜算矣。以故我朝经理漕河之臣，最称隆重，其经理漕河之费，亦最称浩繁。宜祖陵之巩固如磐石，漕渠之输挽有利涉，民生之攸奠有宁居也。"②对于三项任务的轻重缓急说得很清楚。所谓民生，只是附笔一说。在必要的时候，祖陵也可列居次位，只是在口头上没人敢这样说而已。

清康熙三十八年（公元一六九九年）巡视江南时说："今朕念民生、运道，亲行巡幸……"③又在《河臣箴》的诗里说："昔止河防，今兼漕法。既弭其患，复资其力。"

这足以说明，治理黄河首先为漕运。实则，不只明清为然，元代贾鲁治河也具有同样目标。清冯祚泰说："贾鲁河[1]在南流，南则欲纳东南之粟，北则欲供帝都之需。既欲抑河以护运，又欲资河以溉运。治河兼以治运"。又说："而贾鲁治之，必欲挽之使就（按：指就汴、合泗、入淮）。后人因鲁功，竟亦挽之使就。则今日之治河，大都为运也。贾鲁之功，不敢使河稍入于西南。自刘大夏筑断黄陵冈[104]，又不敢使河稍出于东北。而今日治河情形亦大略可睹矣。"④

---

① 常居敬《祖陵当护疏》，转引潘季驯《河防一览》卷十四。

② 张兆元《分黄导淮议》，见《行水金鉴》卷三十七。

③ 张希良《河防志》卷一《圣谟》。

④ 冯祚泰《治河后策》卷下《贾鲁治绩考》。

第二节 黄河与漕运

明清的漕运任务既如此重要，则必然影响治理黄河的策略和措施。所以在进一步论述之前，先说明黄河与运河的关系。

明潘季驯说，元代江南的粮食是从扬州而北，由庙湾[105]入海，经海运以达京城。明永乐年间（公元一四〇三至一四二五年），开始整理运道，北通淮河，并筑高堰[67]，以防洪泽湖水东侵。① 这说明，自会通河开通以后，主要运输任务已由大运河承担，不必再由庙湾入海，依赖海运了。

明万恭说："黄河自清河[7]迄茶城[106]五百四十里，全河经徐、邳则二洪[43]平，舟以不败。"②茶城至清河间的黄河就成为运河的一部分。这说明，徐州至扬州间已可通船。

清张希良论明代漕运借黄河的经过说："大抵明之患者惟河，所沾沾不能释者亦惟河。盖清口[102]以北，徐、邳以南，五百里间，不能不借河以为漕也。借河为漕始于永乐之金纯，成于景泰（公元一四五〇至一四五七年）之徐有贞。按漕河原不资黄，惟用洸、汶、沂、泗诸泉沟之水。渡淮而西，皆属清水，故名清河。正统十三年（公元一四四八年），河决荥阳（河南），至阳谷（山东）夺漕河（按：指运河，即会通河），溃沙湾[41]以达于海（按：指黄河决水冲断山东寿张一带运河，东流入海）。景泰四年（公元一四五三年），有贞塞之，乃分流自兰阳（今兰考），东至徐州入漕河（按：指运河，实即泗水），以疏豁之，而黄河始东（按：指黄河的一部分水自此始由兰考而东，再经徐州而南）。然清七分，黄止三分，并入于淮。至正德六年（公元一五一一年）水势方盛，行骎骎而清变为黄矣。盖自淮达济[4]。由会通[3]以至卫河，一路堤防，惟恐黄流之入。而徐州二洪[43]以下，反用黄河之水，而忘其故。昔人所谓，古之治

① 潘季驯《河防一览》卷七《两河经略疏》。

② 万恭《治水筌蹄》。

河但避其害,而今之治河兼资其利,亦势之不得不然也。”①

清初靳辅叙述清初运河全线情况说:“全漕运道,自浙江迄张家湾[107],凡三千七百余里。由浙至苏(按:指杭州至苏州),则资天目、苕、雪诸溪之水。常州则资宜、溧诸山之水。水至丹阳而山水绝,则资京口[108]所入江湖之水,水之盈缩视潮之大小,故里河每患浅涩。自瓜、仪(按:指瓜洲、仪征)至淮安,则南资高、宝诸湖之水,西资清口[102]所入淮河之水,俱由瓜、仪出江。故里河[135]之深浅,亦视两河之盈缩焉。自清河[7]至直口[109]则资黄河之水(按:这时尚未开中河)。自直口至济宁,则资汶、泗、沂、洸之水(按:明万历三十二年,即公元一六〇四年,运河改道泇河,直口至徐州的黄河始不作运道)。自济宁至临清,则资汶河之水,即泰安、莱芜徂徕诸泉也,至济宁天井闸[110],会泗、沂、洸三水济运。北流至临清以会卫河,然天旱泉微,每苦不足。自临清至天津,则资卫河之水,由直沽入海。而天津至张家湾,则资潞河、白河、浑、榆诸水矣。通州以上,则资大通[86]之水,以达京师。”②关于泇河、皂河和中河的开辟,将于第十二章加以叙述。

第三节　漕运要求支配着治河策略

明清治理黄河的目标既是维持漕运畅通,这就规定了治河策略的方向。

维持当时漕运畅通有两大顾虑:一怕黄河改道使漕运中断,因为这时黄河从徐州到清河[7]一段也就是运河的一段;二怕黄河决口冲淤山东省境内的运河。如果黄河从豫东或鲁南苏北比邻处北决,或者冲向山东省寿张县的张秋[40],运道将被截断;或者冲向江苏省沛县,淤塞湖西运道。黄河如北夺大清河[4]入海,则徐州到清河[7]的漕运中断。这就决定了要维持黄河走“南道”的方针,决定了豫东及鲁苏北堤的防御,决定了江苏境内黄河是治理的重点。

---

① 张希良《河防志》卷二《考订·黄河考》。

② 靳辅《治河方略》卷四《漕河》。

关于漕运还有两个关键地点，就是清口[102]和高堰[67]，也就是当时治河的两个特要工段。清口是古泗水入淮之口。黄河夺泗入淮后，清口即为黄淮交会之处。淮水到此，大部分水流会黄河归海，小部分南流，补给江北运河。其后由于黄河的顶托与高家堰大堤的拦蓄作用，洪泽湖逐渐扩大，淮河与之相合，清口成为洪泽湖（亦即淮水）的主要出口。而黄河多沙，若清口淤塞，则漕运受阻，洪泽湖亦排泄不利，因之将壅高湖水，转而威胁湖东高堰大堤的安全。同时，由于黄河河身日高，黄水又常由清口倒灌入湖，因之清口的淤塞日趋严重。高堰大堤南段有减水坝的设置，于必要时向东分流，顺运河南流入江，或由射阳湖分注入海。如高堰溃决，或闸坝控制失效，不只湖水东溃，为患苏北，阻碍漕运，而黄水更又乘此倒灌清口，注入洪泽湖，使清口淤塞加重。再则，如高堰溃决，洪泽湖不能储蓄淮河清水，又失去藉清水冲刷清口和黄河淤积的作用。如此交互影响，形势必日趋恶化。所以清口与高堰便成为明清统治者所最关心的两处工程。

关于上述各项工程的具体问题，还将于以后有关各章专为论述，现在只就漕运对于治河策略的影响略加说明。

明隆庆五年（公元一五七一年），潘季驯在第二次任治河官时，由于邳州河工告成，请奖励治河的官员。穆宗质问说："今岁漕运比常更迟，何为辄报工完？"令工部核复。工部尚书朱衡复道："河道通塞，专以粮运迟速为验，非谓筑口导流便可塞责。"命潘季驯戴罪管事①。再如，前引弘治年间，命刘大夏治河的命令，也是把通漕放在首位。这样，怎能不影响治河的方案呢？

潘季驯接受这个教训，在以后治河时，就很重视漕运。例如，在论及贾让治河上策时说："民可徙也，岁运国储四百万石，将安适乎？"（按：贾让上策主张"徙冀州[91]之民当水冲者，决黎阳[92]遮害亭，放河使北入海"。即放弃原河道之意。）又说："然以治河之工，而收治漕之利。漕不可以一岁不通，则河不可以一岁不治。一举两得，乃所以为善也。"实际上，他意谓治河是沾了治漕的光。所以接着说："故元宋以

---

① 《明穆宗实录》，见《行水金鉴》卷二十六。

前,黄河或北或南,曾无宁岁。我朝河不北徙者二百余年,此兼漕之利也。"①就是说,如若不是为了漕运,黄河就不会引起封建统治者的重视,而早已改道了。

万恭坚持清河[7]至茶城[106]间五百四十里黄河济运之利,反对黄河改道,反对黄河分流。他说:"故九河故道(按:指禹河)必不可复者,为饷道也,而非难复也。"因此,他反对黄河北徙,理由是:"苟北徙,则徐、邳五百里之运道绝矣。故曰:黄河南徙,国家之福也。"姑不论黄河恢复禹河故道是否可能,但就这段议论可见,漕运的任务决定了治河的方案。他又说:"或者欲分河(按:指主张开支河以分流)以苟免修守之劳,而不欲事堤以永图饷道之利;又不虞河分之易淤,堤废之易决。"看来这是评论分流与筑堤二法的优劣,但前提是维持漕运。所以他接着说:"其未达祖宗之所以事河,与河之所以利运者,余故备之于篇,大智者采择焉。"为了利运所以反对分流,主张加强堤防。结论是:"故黄河合流,防守为难,然运之利也。国家全藉河运,往事镜之,何尝一年废修守哉!"②万恭反对改道,反对分流,完全是从维持漕运的观点出发。

明代不欲黄河北决,因之,加强徐州以上北岸堤防的议论很多。潘季驯在《复议善后疏》里,第一条就是"防徐北以固上流"③。清代也是这样,如嵇曾筠在《会议豫省河工保固事宜》里说:"北岸太行堤[47],自武陟县木乐店起,至直隶长垣县止,系奉圣祖仁皇帝(按:指康熙)指示修筑之工,关系黄沁,并卫河运道,重门保障……"④

所谓有"全体"观念的人,也只能围绕这个目标立论。清靳辅说:"穷源溯流,以为今日全体形势之内,欲得百世无敝之术,须加意外之防,则高堰[67]当筹划万全,以资捍御,中河[111]再宜加帮遥堤,以固金汤也。"所谈论的都是苏北宿迁、桃源[6]、清河[7]、山阳[8]一带工程。他接着分析各地黄河溃决的影响,对于民田受淹概不置念,而惟关心于运道之无

① 潘季驯《河防一览》卷二《河议辩惑》。
② 万恭《治水筌蹄》。
③ 潘季驯《河防一览》。
④ 嵇曾筠《防河奏议》。

碍。如，涉及南岸在开封及其以下堤防有溃决时，他说：水“总皆归入洪泽湖，以侵高堰[67]。使高堰能自保，固以敌其疏虞之横。则凡南岸冲决之水，仍由清口[102]而出。止于民田受淹，而于运道无碍。且所疏虞之决口，易于堵塞……倘高堰一有不固，则黄水仍旧内灌，山[8]、清[7]、高、宝二百里之运河，其为淤垫无疑矣。”又分析北岸溃决，无论在河南或山东，都是“止于民田受淹，而于运道无碍。若险工之在宿迁以下、清河[7]以上者，设有疏虞，则黄中二河（按：指黄河与中河[111]）之水，建瓴北泻，势必夺河。则宿、桃[6]、清[7]一百八十里之运道，必能淤垫无疑矣。”①所以他从“全体”研究所得，建议加修中河遥堤（按：中河为靳辅所开，所以念念不忘，视为重点），加固高堰。最后还说：“此河道全体形势，穷源溯流之论。”他的片面性和局限性是显而易见的，因此又怎能提出全面治河的意见呢？

由于黄河善淤多决，对于黄河应走哪一条道，是有很多议论的。这也是一个大问题。而选择的标准，则仍以运河利害为权衡。明李化龙说：“河自开（封）、归（德）而下，合运入海，其路有三：由兰阳、考城至李吉口，过坚城集[59]，入陆座楼，出茶城[106]，而向徐、邳，名浊河[112]，为中路。由曹、单经丰、沛，出飞云桥[51]，泛昭阳湖，入龙塘，出秦沟，而向徐、邳，名银河[113]，为北路。由潘家口过司家道口，至何家堤，经符离，道睢宁，入宿迁，出小河口[46]入运，名符离河[114]，为南路。南路近陵，北路近运，惟中路既远于陵，亦济于运。”②这是选择河道标准的又一例。

不只黄河的治理要依运河的要求，其他有关事项也多类似。今举一农田生产与漕运矛盾的例子。将山东鱼台、济宁一带积水泄入江苏归海的问题，是有历史性的。清代山东巡抚请将积水由江苏荆山口宣泄，由苏北归海。而嵇曾筠奏请停止，并得批准。停止由荆山口宣泄归海的理由是：“夫欲举鱼、济诸州邑历有之坡洼积水，一旦悉令归海，涸出膏腴之壤，俾民耕凿，其意何尝不善。但积水之在东省已非一日，其病小，而江南[156]急不能容，其害大。求利民而先病民，所系非轻。既病

① 《靳文襄公奏疏》卷八《两河再造疏》。

② 李化龙《请开泇河酌浚故道疏》，见张希良《河防志》卷十。

民而且妨运，所系不更重乎！大小轻重之间，尤宜深思而熟计之也。”①由此亦可见漕运是重于一切的。

第四节　黄河与明朝祖陵

明朝皇帝的祖陵和皇陵分别在安徽泗州[174]和凤阳。由于黄河的泛滥和淤积，及其对于淮河顶托的影响，明中叶以后，水患对于泗州祖陵的威胁甚大。当时口头上“祖陵当护”的呼声虽高，但实际上并没有什么办法。由于洪泽湖的淤积日益严重，湖面日益扩大，明祖陵自然难保，终于在清初沦入洪泽湖了。

关于祖陵的问题，就是封建迷信的问题。黄淮相会于清口，认为是朱家王朝祖陵的“风水”，如本章第一节所述。如果兴建某项工程，或采取某种措施，就可能使“王气中泄”。所以祖陵风水也影响着治河策略的选定。例如，反对某项建议，则说对祖陵风水不利，或有不利的影响。而声辩者则说，祖陵如何平安，这项措施如何有利于祖陵的保护。在以后各章的论述中，还将有所补充。但是，明祖陵遭淹没的危险是越来越大的。明中叶以后，潘季驯的一个奏疏里说：“稽查往牒，泗州无岁不苦水患，然亦旋发旋涸。即暴水泛滥，仅仅至城垣而止。乃两岁以来，霪雨连绵。上游水排山而下，至泗则奔澎泛涨，反高于城内之水，势至五尺七寸……”②潘季驯认为泗州大水，由于霪雨连绵，可能是一个原因。但淮河下游因黄河的淤积，洪泽湖面的扩大，水位高涨，当为其根本原因。

至于治理意见，则众说纷纭。万历二十年（公元一五九二年）泗州大水，城中积水三尺，患及祖陵。议者欲开傅宁湖至六合入江，或欲浚周家桥[67]入高宝诸湖，或欲开寿州瓦埠河以分淮水上流，或欲弛张福堤以泄淮。而潘季驯则以支渠不可浚，新河不可开，祖陵王气不宜轻泄，持反对意见。终以所议不合去职。

---

① 嵇曾筠《防河奏议》卷四《停止荆山口水道工程·附记》。

② 潘季驯《总理河漕奏疏·议迁泗州开周家桥疏》。

明张兆元认为，泗州上水是由于淮水壅塞。他说：“万历二十三年，淮水逆壅，遂至泗城飘泊，陵麓以外，汇为巨浸，民居田庐，变为池沼。”①较潘季驯所论为中肯。这年正是潘逝世之年。潘季驯主张“以水攻沙”，常夸大攻沙的效果，而讳谈河道淤垫，所以不能正确地分析形势。下面还将在有关章节加以论述。

张兆元在其结语里说：“河之为患，自古记之矣，然未有害及陵寝如今日者。当事者乃开黄坝[124]以分黄，辟清口[102]以纵淮，而又开周桥、武墩、高涧[67]以消盱、泗积水，又浚五港灌口以广下流。所谓治本治标之策，可谓曲中肯窍矣。”不管怎样，泗州还是在清康熙二十二年（公元一六八三年）沦入洪泽湖了。这正是河湖淤垫、水面抬高的结果。

第五节　黄河与民生

关于民生疾苦，在治河的任务里虽然常常是一句空话，但封建统治者为了安抚人心，巩固其统治，所以在一些文献里，也常见到不少以民生为念的辞句。

明太祖洪武十五年（公元一三八二年），河南水灾民饥，命驸马都尉李祺放赈。命令说：“河南奏，黄河水决，弥漫数百里，漂荡民居，百姓迁移，不得宁处。朕甚悯焉。”②明景帝景泰二年（公元一四五二年），在祭河神文中写道：“今河水为患，民不聊生……必使河循故道，民以为利，而不为患，然后各得其所。”③清康熙二十三年（公元一六八三年）皇帝在南游时赐给靳辅的一首诗中这样说：“防河纾旰食，六御出深宫。缓辔求民隐，临流叹俗穷。何年乐稼穑，此日已疏通……”④这些语言，不过是作为所谓“太平盛世”的点缀，维护政权的手段而已。

清朝末叶，黄河于铜瓦厢[68]决口北流，由山东利津入海。山东巡抚

① 张兆元《分黄导淮议》，见《行水金鉴》卷三十七。

② 《明太祖实录》，见《行水金鉴》卷十八。

③ 《明景帝实录》，见《行水金鉴》卷十九。

④ 《靳文襄公治河书》，见《行水金鉴》卷四十九。

丁宝桢议，由利津入海有四不便。其第一条说："自铜瓦厢到牡蛎咀[115]，一千三百余里。两堤相去须十里。除现在淹没不计外，尚须弃地若干万顷。此项弃地，居民不知亿万，作何安插？是有损于财赋者一也。"①不是为了人民，是为了财赋。其用心非常清楚。

为了治河，劳动人民则常受到残酷迫害。下边一段，是明万历年间（公元一五七三至一六一九年），民工治河所受灾难的写照。"河南诸郡邑，疲于奔命者无论。即归德九属，役夫八万，自九月至明年四月放水而始讫工。在工诸役，夜卧沮洳风雪之河干，昼劚带水连冰之堑底。除夕元旦，依然在工。官不归私衙，民不离信地。逮春末夏初，寒湿所染，饥劳之所损伤，死于工所者，奚只万人？无主者，掩骼埋胔，几于无地。有家者，舆尸负骨，哭声震天。其扶病还家，臃肿瘠羸，三五相将，倚树侧、卧田间而死者，不可胜计……。"

"又如淇县人夫，两日供给不至，持锸操梃者千余人，搉（音壳，刁难）归、睢工役，而夺之食，死者数人。曰：归德河患，役我彰德人，汝当食我。朱大参往说之曰：悍夫，当诛矣！兹祖陵受患，汝为朝廷役，岂为归德哉。捕数人而抵之，明日乃定。不有朱大参风行雷厉之威，单骑反复以晓譬之，乱莫知所终矣。"②这是一个宦海不得意的文人写给总理河官的一封信，有一般奏疏中所少见的资料。但是，他的前提仍是为了维护封建统治政权。信中说："如此邦本（按：指百姓，引自"民为邦本"句），尚勘举动否？仆以为陵、运方急，即有石人只眼之谣（指农民起义之谣）。不顾邦本，陵、运果无恙耶？当休养孑遗之民，歇其负重之哮喘，苏其欲断之残魂。少俟须臾，再兴大役。"看来是所谓为民请命，实际上，是怕激起农民起义，缓和一下农民抵抗情绪而已。

不但这样，在危害封建统治阶级的利益时，还将以黄河为武器，以水代兵，造成巨大的灾难。前文已曾述及。明崇祯十五年（公元一六四二年），统治阶级为了水淹李自成农民军，扒开黄河大堤，造成的大悲剧，反诬决河为农民军所为，载于《明史·河渠志》。但是，从各项文

---

① 林修竹、徐振声《历代治黄史》。

② 佚名《河工书·与总河嗣山曹公论河启》。

献参对[1],漏洞百出,矛盾重重,不能自圆其说。在这年的十二月十四日,崇祯皇帝给工部的指示,也只是说:“汴决河徙,所关陵、运甚重。屡谕该部计议修筑,迄无确奏。”所关心的仍只是保护祖陵,贡品畅递。根本不能顾所谓“民生”了。

① 《行水金鉴》卷四十五及其他有关文献。

第四章 治水与攻沙的探索

水流和泥沙是治理黄河的两个基本自然因素。尤其是水流的含沙量特高(远非世界其他大河所能比拟的),致使下游淤积严重。因而泥沙问题便视为研究黄河治理的重点。明嘉靖十三年(公元一五三四年),刘天和开始治河,他得出黄河“善淤、善决、善徙”的结论,并说明徙由于决,而决由于淤的因果关系。这在治河史上是一创见。由此可见,治河必须以解决河道淤积为重点(当然洪水亦是一个必不可少的重点)。后于万历六年(公元一五七八年),潘季驯第三次治河,历时二年余。他研究过去河道决徙的形势和总结前人治水的经验,提出“筑堤束水,以水攻沙”,坚筑堤防,纳水归于一槽的减淤观点,并见诸实践。对全局来说,从文字记载中看不出由此而产生减淤的明显效果,但坚筑堤防,纳水归于一槽的治水方案,则一直为后人所遵循,亦足以说明这一方案对于治河是有较大发展的。由于当时对于水流和泥沙都还没有必要的定量观测,在问题分析上亦只能从概念出发,作定性的结论。因之众议纷纭,争论不休。在对于水流和泥沙等自然的认识上,虽较前人有所发展,但进步不大。

第一节 水情的分析

明隆庆末年,万恭对于水流情况作了分析。他说:“夫黄河非持久之水也,与江水异。每年发不过五、六次,每次发不过三、四日。”①这时已经知道黄河有猛涨倏落的现象,洪峰虽高,相对地说,洪水总量不大。又说:“河水伏秋汛烈,消长叵测,守之不固,则堤横决。”并且认识,洪水“暴猛虽有其时,而衰弱亦有其候”。因而指出:“防河者吃紧只在

---

① 万恭《治水筌蹄》。

五、六、七月(按:指夏历),余月小涨,不足虑也。”①可见,当时已经初步地掌握了水流涨落的规律。

这时潼关已有水位的观测,并有塘马报汛的办法。万恭说:“黄河盛发,照飞报边情摆设塘马,上自潼关,下至宿迁,每三十里为一节,一日夜驰五百里,其行速于水汛。凡患害急缓,堤防善败,声息消长,总督者必先知之,而后血脉通贯,可从而理也。”有了报汛的制度,下游的防洪工作就可以预有布置。万恭又说:“凡黄水消长必有先机,如水先泡则方盛,泡先水则将衰。”②因此,下游也可据此作为预测水流涨落的征兆。

清康熙四十八年(公元一七一〇年),开始由宁夏报告水情。遇河水长时,由宁夏地方官驰报总理河道和河南巡抚③。乾隆三十年(公元一七六六年),又于陕州万锦滩,巩县城北洛河口,沁河木栾店龙王庙,设立水志。长落尺寸,按宁夏例报告④。

清嘉庆年间(公元一七九六至一八二一年),包世臣建议改善报水方法,不只报水的长落尺寸,而且“以高深相乘”,求得过水断面⑤。如能从此更进一步,即可测得流量。可惜,才一试行,即因派别争论,遭阻停止。

直到清末,黄河上只有少数水位测站,仍以驿马传报。所以在水文观测和报汛设施上是很落后的。

第二节 对泥沙淤积的认识

关于水流,当时只有涨落的定性概念,而无定量的观测和分析,如前所述。关于泥沙,虽传明代有量沙器的制造,但从文献中看来,只有“斗水六泥”,或洪涨期“泥占其八”等说。是则对于泥沙的观测,较之

①、② 万恭《治水筌蹄》。

③ 孙鼎臣《河防纪略》。

④ 《续行水金鉴》卷十五。

⑤ 包世臣《中衢一勺》卷二《答友人问河事优劣》。

水位涨落尺寸的观测，又逊一筹。清末，刘鹗驳斥六沙八沙之说。他说："幼时习闻斗水六沙之说，潘季驯至谓伏秋斗水八沙，盖未核其实耳。试取伏汛水一盏，以矾澄之，从无有三成沙者，况六沙八沙乎？然先知水中无含六沙八沙之理，而后知斗水可以有斗沙之理，且有不止一斗沙者矣。盖洄溜行一转，留淤一层，一层之淤，其实不过水中所含沙百分之一。但一日之间，洄溜不止百转，则所留者为甚多矣。"①所说亦多片面，都是由于没有含沙量的具体观测所致，因之争论无穷。

由此可见，直至清末，还没有观测含沙量的方法。只有含沙量大的概念，对于确实数量则无所知。又如下述，对河身的淤垫，亦只知其迅速、严重，而对河身的确切变化，冲积的自然规律，则无精确观测和研究。

明万历二十三年（公元一五九五年），高举陈述黄淮受病之源时说："五月入徐时，徐州月河新成，积水尽泄。一望黄流，见城外有堤，几与城齐。堤外有河，水与堤齐。且水日益涨，堤日益增，将不知所终。是黄水之日高，为徐城害者如此。既由徐而泗[174]。一望淮水，见城墙以内，积水占之，城墙以外，淮水环之。倾颓民舍，淹没民田。是淮水之日高，为泗城害者如此。"②这里没有具体数字，没有发展过程，只说明河身淤高情况及其危害性而已。

清嘉庆年间，铁保论黄淮交会一带淤积情况说："惟河身淤高，诚有此病。询之在工员弁兵夫，及濒河士庶，佥称嘉庆七、八、九等年，河底淤高八、九尺至一丈不等。是以清水（按：指洪泽湖所蓄淮河之水）不能外出，清口之病实由于此。但黄河之通塞靡常，变化无定……"③铁保虽然承认淤积的事实，但又认为，今日的淤垫，他日可以冲去，则纯是揣测之说。

清初靳辅关于河道淤垫的情况说："查自清江浦[116]至海口约长三百里，向日黄河水面，在清江浦石工之下，今则石工与地平矣。向日河

① 刘鹗《治河五说》。

② 《通漕类编》，见《行水金鉴》卷三十七。

③ 铁保《筹全河治清口疏》，见砚北主人《河防要览》卷四。

身深二、三丈不等，今则深者不过八、九尺，浅者仅二、三尺矣。黄河淤，运河亦淤。今淮安城堞卑于河底矣。运河淤，清口[102]与烂泥浅[137]尽淤。今洪泽湖底渐成平陆矣。”①

清范玉琨也说：“于嘉庆庚申年（公元一八〇〇年）即来河壖，其时内外滩地，不过高下四、五尺耳。自癸亥年（公元一八〇三年）衡工[136]漫溢后，止二十五年，而河滩之地高堤内（按：指背河方面）三、四丈矣。”②又说：今每年以淤高一、二尺为率，计至数十年、百余年之后，其高下情形殆不可以设想……”③

关于洪泽湖的淤积，清陈法说：明“隆庆间（公元一五六七至一五七三年），王宗沭筑堤只高七尺。吴桂芳疏云：堤高七尺，水深不及五尺。万历七年（公元一五八〇年），潘印川（季驯）筑高一丈，然由周桥而南二十五里皆无堤。常省三尤揭之于朝……”④这是高堰[67]一带十几年间堤身的变化。当然，堤身的增高不完全以湖底的淤高为标准，也可能由于防御的标准提高。但吴桂芳疏内有“水深不及五尺”，可见堤的超高尚有二尺余。潘季驯的加高，显然是由于湖底的淤垫。

清初靳辅说：“自高家堰[67]以西至清口[102]，约长二十里，原系汪洋巨浸，为全淮会黄之所。自淮流东决，黄水内侵之后，将此一带湖身渐渐淤成平陆。向之汪洋巨浸者，今止存宽十余丈，深五、六尺至一、二丈不等之小河一道矣。”⑤

泥沙的淤垫，必有一定的高程作标准，或如上文所述的城墙、堤身。若只说淤垫多少，而无一定标准作比较，则常引起争论。铁保则对靳辅之说有不同看法，他说：“洪湖淤垫，前河臣靳辅疏载，彼时湖中止存小河一道，宽十余丈，深五、六尺，至一、二丈不等。今则汪洋浩瀚，湖面宽

① 靳辅《治河方略》卷五《河道敝败已极疏》。
② 范玉琨《佐治刍言·又禀》。
③ 范玉琨《安东改道议》卷一《熟筹河工久远大局奏稿》。
④ 陈法《河干问答·论二渎交流之害》。
⑤ 靳辅《治河方略》卷五《经理河工第二疏》。

数百里,深至二、三丈不等。较靳辅时大不相同。又岂得反诿为淤浅?"①铁保或有强辩之处,因为靳辅所论为"淮流东决"后高堰以西至清口一段,即洪泽湖北端的情况,而铁保所指的是高堰完整时整个洪泽湖"宽数百里"的情况。两者当然不会一样。两人所处时期相隔约一百年,因此,洪泽湖只会淤高,不会刷深。这是没有疑义的。但是,由于洪泽湖底前后高程不明,很难再进一步作具体准确的判断。

关于海口的淤垫,各家也有争论,将于第八章论之。这里只举一例,说明河口推进的情况,也就是海退的情况。清范玉琨说:"黄河自金明昌五年(公元一一九四年),夺淮入海,历今六百余年。从前入海处所,虽无准确地名,尚未闻有云梯关[117]也。靳文襄公治河时,始有关内关外之说。彼时关外尚弃而不守……始堤而筑之,亦止至十套而止。其海滩名目,亦止薛套、十套而已。自靳文襄公至此时,仅一百四十余年,十套以下有……龙王庙、丝纲滨、望海墩,计程二百余里。"②可见河口进展速度的一般。

从以上的论述,可知当时已经认识河、湖、海口淤积的迅速严重。很少有人持相反的意见,只是对于淤积的情况常有不同程度的看法。潘季驯在提出"攻沙"的理论和实施某些措施之后,常夸大攻沙效果,讳言淤垫,将待以后论述。

较潘季驯治河早四十多年的刘天和,对于黄河"善淤、善决、善徙"的现象作了阐述,但他在结论中则认为黄河不能治。刘天和说:"天下之水,凡禹所治,率有定趋,惟河独否。盖尝周询广视,历考前闻而始得之。其原有六焉。河水至浊,下流束隘停阻则淤,中道水散流缓则淤,河流委曲则淤,伏秋暴涨骤退则淤,一也。从西北极高之地,建瓴而下,流极湍悍,堤防不能御,二也。易淤,故河底常高。今开封境,测其中流,冬春深仅丈余,夏秋亦不过二丈余。水行地上,无长江之渊深,三也。傍无湖陂之停潴,四也。孟津而下,地极平衍,无群山之束隘,五也。中州南北悉河故道,土杂泥沙,善崩易决,六也。是以西北每有异

---

① 铁保《筹全河治清口疏》,见砚北主人《河防要览》卷四。

② 范玉琨《佐治刍言·论海口铁板沙》。

常之水，河必骤盈，盈则决。每决必弥漫横流，久之，深者成渠以渐成河，浅者淤垫以渐成岸。即幸河道通直，下流无阻，延数十年，否则数年之后，河底两岸悉以渐而高，或遇骤涨，虽河亦自不容于不徙矣。此则黄河善决迁徙不常之情状也。故神禹不能虑其后。自汉而下，毕智殚力以从事，卒莫有效者，势不能也。”①刘天和确已提出了黄河下游为患的原因，并且对于泥沙运行规律作了初步分析，但是，没有得出解决的答案，所以认为是不可治的。

第三节　攻沙的探索

明清对于泥沙淤垫的研究，虽只停留在一般概念阶段，对于淤垫的情况也有不同的看法，但总的趋势则认为，治理黄河的关键在于减轻泥沙的淤垫。当然，洪水是防范的主要任务，对于黄河自亦不例外。但是，就黄河说，由于泥沙淤垫的严重，它便成为防止洪水泛滥的关键。所以刘天和归纳黄河的自然特性为“善淤、善决、善徙”，而关键在于善淤。由于善淤，创造了下游二十五万平方公里的大平原，仍在继续发展。由于善淤，因而常决、常徙，成为灾害的根源。当然，不能把决徙的原因完全归之于善淤，更不能以善淤而作为推卸泛滥责任的借口，但是在研究黄河治理时，就不能不首先注意善淤这个特点。

黄河是世界上罕见的多泥沙大河。根据近年统计，从河南陕县流向下游的水量，多年平均约为每年四百二十亿立方米；而输送下游的泥沙，多年平均约为每年十六亿吨；以含沙量计，每立方米水平均含沙三十八公斤，最大含沙记录则远超此值。每年淤垫下游河道约四亿吨，淤垫海口沙滩约八亿吨，散淤海外约四亿吨。所以河身淤垫极为严重，河床逐年抬高，在大平原上成为左右两岸水系的分水岭。黄河既然有这一特点，在治理上就必须着重地考虑它，而不能等同于一般河流。

怎样改变黄河“善淤”的局面，以减轻下游的灾害呢？这个问题涉及整个治理的策略。在明清的议论中就涉及到以下的若干问题：应当

---

① 刘天和《问水集》卷一《统论黄河迁徙不常之由》。

采取一个河道,还是应有几股分流入海(合流与分流)?两堤相距应当束窄,还是应当放宽(束水与约水)?应当修堤严加防守,还是根本不要堤,听其漫流?如果有堤,应当怎样对待特大洪水,并怎样改善河槽?应当维持已有河道,还是应当放弃淤垫的河道,而另改新道?是专就下游着想,还是应当从泥沙来源地区下手?等等。这些问题都与河流泥沙问题有关,均将在以下各章分别论及。这里只先就明清对于处理泥沙议论的梗概略加叙述。

总的说来,由于当时没有水流涨落和泥沙冲积的具体资料,所以议论定性多而定量少,有的则失于空洞。有时又加以主观成见较深,派别斗争激烈,议论多片面偏颇,不能恰当反映客观实际。因之,治理的成效并不显著,这将于各有关工程的章节中见之。

例如潘季驯"束水攻沙"之说,即"以水治水"之意,它有令人神往的引力,所以多为后人所支持。因为,这一学说针对黄河多泥沙的特征,采取主动措施,而且借水力以攻沙,不依靠人力或机械的疏浚,是个很理想的办法;与近代科学技术也有某些相合之处。所以近代西方资本主义国家的一些工程师或学者,对黄河亦曾有类似治理原则的设想。但是,"筑堤束水"之法,并没有改善当时黄河下游河槽垫高的形势,没能免除灾害的发生。不过,就明中期河流紊乱的情势说,由于"筑堤束水,以水攻沙"学说的提出,采取了"坚筑堤防,纳水归于一槽"的治河方针,因而加强了堤防的修守,对于防洪则起了一定的作用。现在就从"筑堤束水,以水攻沙"这个问题说起。

明代潘季驯对于这一学说提倡最力。在他以前就曾有人提出相似的理论,这是人民群众实践的结果。不过潘季驯又有所发展,并进而运用于下游河道的治理。

早在汉明帝永平十三年(公元七〇年),在一个诏令中就有这样的话:"左堤强则右堤伤,左右俱强则下方伤。"[①]这说明当时已经认识堤及其防护工程对于水流的影响。到了明代,认识也有所发展。万恭在《治水筌蹄》里写道:"虞城生员献策为余言:以人治河,不若以河治河

① 《后汉书·明帝纪》。

也。夫河性急，借其性而役其力，则可浅可深，治在吾掌耳。法曰：如欲深北，则南其堤，而北自深；如欲深南，则北其堤，而南自深；如欲深中，则南北堤两束之，冲中间焉，而中自深。此借其性而役其力也，功当万之于人。”（按：古人对于护岸和导流工程，亦常称之为堤）除了能使河槽冲深以外，还可以使浅处成滩。其法曰：“为之固堤，令涨可得而逾也。涨冲之不去，而又逾其顶，涨落，则堤复障急流，使之别出，而堤外皆缓，固堤之外，悉淤为洲矣。”这就类似整治河槽工程的漫水丁坝或顺坝的作用，能落淤固岸。

万恭根据虞城生员的献策，也取得实践的经验，他说：“茶[106]黄交会之间，黄水逆灌，每患淤浅。余为之束大堤半里许。一则顺河之性，逼阻浊流径直南下，不致倒灌；一则紧束清水，猛力冲出，刷出东岸，且敌黄流。久之，则东岸河渐冲渐深，是以河开河；而西岸堤渐淤渐厚，是以堤而拥阻。茶黄并驰南行，淤浅不治而自治矣。”①茶城河指北来运河（泗水）。黄河西来，于茶城会泗南流。黄强泗弱，泗口每倒灌淤浅，阻碍航运。万恭根据虞城生员的献策，在黄会泗前的北岸（左岸）作导流坝半里许，逼浊流“径直南下，不致倒灌”，而且紧束泗水，“猛力冲出，刷出东岸”，“渐冲渐深，以河开河”。解决了茶城处黄河倒灌淤浅妨运问题。

万恭任河官于明隆庆六年到万历二年（公元一五七二至一五七四年），较诸潘季驯第三次任河官，提出“筑堤束水，以水攻沙”之说为早。后者显然受上述理论与实践的影响，而又有所发展，并在与多支分流、另辟新河诸说的争论中，树立了明清治河的方针。

万恭论水沙运行的规律说：“夫水之为性也，专则急，分则缓。而河之为势也，急则通，缓则淤。若能顺其势之所趋而堤以束之，河安得败。”明佘毅中也说：“惟当缮治堤防，俾无旁决，则水由地中，沙随水去，即导河之策也。”②这都是鉴于明时河道紊乱，淤垫严重而提出的建议。方法是缮治堤防，目的是以束水流，使无旁决，使无分流。

---

① 万恭《治水筌蹄》。

② 佘毅中《全河说》，见张希良《河防志》卷十。

潘季驯在治河方略上，也主张筑堤纳水流归于一道，反对开支河分流；主张维持当时河道，反对另辟新道。他的理论根据就是“筑堤束水，以水攻沙”，“借水攻沙，以水治水”。他说：“水分则势缓，势缓则沙停，沙停则河饱，尺寸之水皆由沙面，止见其高。水合则势猛，势猛则沙刷，沙刷则河深，寻丈之水皆由河底，止见其卑。筑堤束水，以水攻沙，水不奔溢于两旁，则必直刷乎河底。一定之理，必然之势。此合之所以愈于分也。”①他主张河不能分流，而且要筑堤束水。大堤（当时称“遥堤”）之内，于近河还有“缕堤”[177]，为的是“拘束河流，取其冲刷也”②。同时，他反对另改新道，说：“夫议者欲舍其旧而新是图，何哉？盖见旧河之易淤，而冀新河之不淤也。驯则以为无论旧河之深且广，凿之未必如旧。即使捐内帑（按：指国库）之财，竭四海之力而成之，数年之后，新者不旧乎？假令新复如旧，将复新之何所乎？水行则沙行，旧亦新也。水溃则沙塞，新亦旧也。河无择于新旧也。借水攻沙，以水治水，但当防水之溃，毋虑沙之塞也。”③言外之意，筑堤束水，只要不决口，河便不淤。当然，这一结论是不正确的。但不能因此否定“坚筑堤防”的策略。

潘季驯对于治理黄河，采取了主动的态度。他不像刘天和那样，认为没有办法改变黄河的形势。他总结了前人的经验，提出了治理泥沙的意见，虽未见大效，但由于主张坚筑堤防，严定修守办法，反对支河分流，一改当时支河纵横、泛滥四野的面貌，并为后世所遵循，对于治河作出了贡献。

清代治河大都遵循潘季驯的意见。靳辅说：“黄河之水，从来裹沙而行。水合则流急，而沙随水去。水分则流缓，而水慢沙停。沙随水去，则河身日深，而百川皆有所归。沙停水慢，则河底日高，而傍溢无所底止。”又说：“矧决口既多，则水势分而河流缓，流缓则沙停，沙停则底

---

① 潘季驯《河防一览》卷二《河议辩惑》。

② 潘季驯《河防一览》卷十二《恭报三省直堤防告成疏》。

③ 潘季驯《河防一览·刻河防一览引》。

垫,以致河道日坏,而运道因之日梗。”①

清末刘鹗主张两堤相距宜窄,也就是主张束水攻沙。他说:“河宜窄不宜宽也。窄乃力在下而攻底,宽乃力在上而攻堤。攻底则河日深,攻堤则河日溢。”又说:“修缕堤[177]以攻积淤也。夫水不束则流不紧,流不紧则淤不去。”他反对贾让不与水争地之说。刘说:不与水争地之弊为易淤,然淤之患远,祸在后人。束水攻沙之弊为易溢,溢之患近,害则切己。所以人多争尚贾让之说。“不知主潘之说,有善用者即可不溢。主贾之说,虽神禹复生不能不淤。”②

另外,还有人认为,河槽应“展放收束”,以导水走中泓。清凌鸣喈说:“古人用水治水之法,莫要于相其势而利导之。故展放收束,以助其冲刷之势,顺其性使畅流,则溜走中泓,河心日深。”③所谓展放收束,必有工程以导之。清包世臣说:“……自缕堤多废,而河身始有坐湾。一岸坐湾,则一岸顶溜。两处皆成险工,岁费无算。宜测水线,得底溜所值之处,镶做挑水小坝,挑动溜头,使趋中泓。而溜头下趋之对岸,复行挑回。渐次挑逼,则河槽节次归泓,而两岸险工可以渐减。”④“故治河者,必导溜而激之。激溜在设坝,是之谓以坝治溜,以溜治槽。”⑤关于调整河槽的措施,将于第九章中论述。

潘季驯之前的刘天和则主张宽堤距。他认为,堤不宜近河,应“宽立堤防,约拦水势”。他说:“惟宋任伯雨曰:‘河流混浊,淤沙相伴。流行既久,迤逦淤淀,久而必决者,势也。或北而东,或东而北,安可以人力制哉。为今之策,正宜因其所向,宽立堤防,约拦水势,使不至大段漫流尔。’此治河之所当审也。”⑥(按:所引任伯雨的话与其他文献所载略有出入。)他认为,堤不能废,“但不宜近河,而宜远尔。”⑦他还历述

① 《靳文襄公奏疏》卷一《河道敝败已极疏》。

② 刘鹗《治河续说一》。

③ 凌鸣喈《昭代丛书·疏河心镜》。

④ 包世臣《中衢一勺》卷一《策河四略》。

⑤ 包世臣《中衢一勺》卷二《说坝》。

⑥ 刘天和《问水集》卷一《古今治河同异》。

⑦ 刘天和《问水集》卷一《堤防之制》。

下游河槽的上段甚广，惟开封而下几支合计还不及其上者十之一。因之认为，“中州[158]之多水患，不在兹欤！”①刘天和议河槽上宽下窄之害，不只是从洪水宣泄出发，还有泥沙淤积问题，如所说“下流束隘停阻则淤”②。

对于黄河下游，应“宽立堤防”，还是应“筑堤束水”，一直是有争论的问题，还将于第六章中论述。而下游河道形势，从刘天和所说的情况，到清末改道后的现行河道，都有上宽下窄的现象。

也有人认为“筑堤束水”并不能攻沙。清范玉琨说：“今以堤束水仍守旧规，而水已不能攻沙，反且日形淤垫。则议者隆堤于天之说，似亦未可谓之过计。”③这是在二百五十年后，对潘季驯的反驳。

清陈法也说：“束水矣，何曾攻沙？且水究何能束？盖无堤则水势散漫，而沙亦散布于两涯。束之则沙聚于中流。无堤则水流迅疾，沙反随水去。束之则水深，深则流缓，缓则沙愈停，安能攻沙？”④陈法是主张无堤的，惟“深则流缓”之论，颇难理解。

陈法认为，黄河几股分流，并不增加淤垫，因为水分沙也分，“大水刷大沙，小水亦刷小沙。”他认为，黄河“非不宜分，不能分也”。因为“黄水之性湍急，如物之胶葛，纠恋而难分”。所以“河之分流，久而必合”⑤。所论多难理解。

以上是利用工程措施导流攻沙的议论。此外，还有借清刷黄的办法。明佘毅中说：黄淮“合流之后，海即大辟。盖河不决固自深，得淮羽翼则益深。是用淮于河矣。”⑥这是说，黄河得淮河清水的会合，冲沙的力量大增。清靳辅也有类似的议论。实际上，明清都曾利用洪泽湖蓄淮河之水以刷黄，主要在于冲刷清口[102]。

---

① 刘天和《问水集》卷一《治河之要》。

② 刘天和《问水集》卷一《统论黄河迁徙不常之由》。

③ 范玉琨《安东改道议》卷一《熟筹河工久远大局奏稿》。

④ 陈法《河下答问·论开河不宜筑堤》。

⑤ 陈法《河干答问·论河不能分》。

⑥ 佘毅中《全河说》，见张希良《河防志》卷十。

清陈法反对佘毅中等人的意见，说："黄性湍急，故能刷沙。清水合之，其性反缓，其刷沙也无力。是不惟不能助黄，而反牵制之。且沙见清水而沉，是不惟不能刷之，而反停淤之。海口之不能日深，未必不受淮之累也。"①未知所据。

至于减少泥沙来源，古人所提意见不多。对于留沙和蓄水的议论，将于第十章中论述。不过到了清代，也逐渐明了洪水和泥沙的主要来源。今以清陈潢的言论为例。

潘季驯时期已认识到黄河"自兰州以下水少沙多"的特点，但比较笼统。到清代陈潢时期，则有进一步的明确认识。他认为河源本清，到了宁夏灵武一带的水，尚不甚浊。"是其挟沙而浊者，皆由经历既远，容纳无算，又遭西北沙松土散之区，流愈疾，而水愈浊。浊则易淤，淤则易决。"在分析水的来源以后，便驳斥古人欲于塞外凿渠导之北流，入于北海的建议。他认为黄河为患之水，来自秦晋诸省，"自湟、洮而东，若秦之沣、渭、泾、汭（按：指盘口河，为泾之一支）之水，晋之汾、沁，梁之伊、洛、瀍、涧，齐之济、汶、洙、泗，其间山川溪谷，千支万派之流，未易更数。凡西北之水，安得不汇一大川以入于海哉！矧河防所惧者伏秋也。伏秋之涨尤非尽自塞外来也。数秦、陇、晋、豫，深山幽谷，层冰积雪，一经暑雨，融消骤集，无不奔走注于河（按：伏秋涨水由于深山幽谷层冰积雪融消之说不确）。所以每当伏秋之候，有一夕而暴涨数十丈者，而水不能泄泻，遂有溃决之事。从来致患，大都出此。"②可见清初的陈潢已略知洪水和泥沙的主要来源地区。只是，明清治河者对于秦、陇、晋、豫这一关键地区没有注意，也没提出什么治理意见。虽致力于下游攻沙的探索，但也没找到行之有效的办法。

从以上叙述可见，明清对于水沙的关系，治水必兼治沙的认识，均有所前进。对于泥沙运行的规律、减轻河道淤垫的措施，也试作探索。但是，认识仍多臆测，措施效果不显。它仍是留待后人研究的重大课题。

---

① 陈法《河干答问 · 论二渎变流之害》。

② 张霭生《河防述言 · 源流第五》。

第五章　筑堤与分流的争论和实践

筑堤与分流是自古以来治河争论的重点。引起这个争论的关键，仍然是由于治水必须同时治沙，而治沙又没有有效的办法，所以争论不休。明代前期虽没有废堤，却大部时间分流，已略见于第二章第三节。这既有历史根源，也有思想认识根源。明朝中叶以后，筑堤之说渐占优势，而争论未息。

所谓分流，是指按照禹疏九河的方式，把黄河分为两支，或多支，分流入海，或者在较长距离以后，又合流入海，而不施以控制工程，或只略施以节制和引导工程。（当然，在那时也不可能设想兴建巨大的节制闸或分水闸。）主张分流的人，这时也大都不排斥筑堤，但却不主张束水，仅用以约拦水势而已。

所谓筑堤，是两岸用堤把河流纳于一条槽里，有决口就堵塞，反对分流。但是为了防范特大洪水漫堤，也主张施以有控制的减水工程，如减水坝；也有主张在特大洪水时，开泄洪道分流，事后堵塞。而主张筑堤者内部的争论，则主要是两堤间相距的宽窄问题。

为了适应当时的需要，也有主张"北堤南分"的，就是在北岸筑堤，以防北决犯运，在南岸分流，以杀水势。实际上，这是主张分流的。明刘大夏修太行堤[47]，就是执行"北堤南分"策略的表现。

由于分流和筑堤都没能解决黄河淤垫和溃决的问题，因之又有黄淮分流的主张，即所谓"分黄导淮"。明中叶以后此议已盛，而清继之。这可能是由于黄河逐渐淤高，壅阻淮河，必须为黄河或淮河另找出路的缘故。

第一节　分流的议论

黄河分流始于禹疏九河的传说。由于黄河性暴，水涨急骤，且多泥沙,故主张分流以杀其势。反对分流者则以黄河善淤,水流集中于一槽则利于攻沙,分流散漫则助其淤垫。为了避免决溢,后者便主张对于堤防严加修守。

明代向北分流的河道大抵有两条:一是注入大清河[4]。现在的河道就是在河南兰考铜瓦厢决口后,东北流,夺大清河入海的河道。一是注入卫河,经天津入海。向南分流的河道颇多,大体是由颍河、西淝河、涡河、浍河、睢河等注入淮河,有的建议分水流入其中一条河流,有的建议分水流入数支注淮。黄河以南的上述各河之源,大都接近黄河南堤,惟以由于历经黄河泛滥淤垫,这些河流的古今形势稍有差异。颍、涡等河大方向尚有旧迹可循。惟宿县以东,到宿迁、泗阳间,河流形势变化较大,有的水系已不注淮,而直接汇入洪泽湖了。此外,还有主张两条河道轮流使用、交替清淤者,它虽不属于分流的范畴,亦附述之。

明金景辉认为,分流以杀水势,是长久平治之道。他说:"惟黄河四渎之宗,天下之水莫大者也。今不循故道,而并入淮,是为妄行。为今之计,在疏导之以分杀其势。若止委之一淮,仍行堤防之策,臣恐开封终为鱼鳖之区矣。"①

明宋濂主张复黄河故道,分其半使之北流。他说:"中原之地,平旷夷衍,无洞庭、彭蠡以为之汇,故河尝横溃为患。其势非多为之委,以杀其流,未可以力胜也。"在说明禹治水的功绩后,又说:"盖流分,而其势自平也。"在叙述当时河道形势后,又说道:"莫若浚入旧黄河,使其水流复于故道,然后导入清济河[4]。分其半使之北,以杀其力,则河之患可平矣。"他反对与水争利,认为如果这样,还"不如听其自然,而不治之为愈也。"②宋濂主张分水北流,如果不分,还不如"不治"。以后,杨一魁则进一步提出"以不治治之"③的策略。

明霍韬也主张向北分流,他说:"今图便宜之策,旧河套原武之间,择地形便,导引河水,注入卫河,南北分流。水有所归,可免溃溢冲决之

---

① 《明英宗实录》,见《行水金鉴》卷十九。

② 宋濂《治河议》,见吴山《治河通考》卷九。

③ 《行水金鉴》卷三十九。

患。且使黄河环绕畿甸，亦可壮京师之形势。舟楫通利，南北又可增一运道，万世无穷之利也。”胡世宁也有类似的建议①。

明徐有贞主张分黄济运，说：“凡水势大者宜分，小者宜合。分以去其害，合以取其利。今黄河之势大，故恒冲决。运河之势小，故恒干浅。必分黄河水合运河（按：指山东境运河），则可去其害而取其利。请相度河地形水势，于可分之处，开成广济河一道。下穿濮阳、博陵二泊及旧沙河二十里，上连东西影塘及小岭等地，又数十余里。其内，则有古大金堤可倚以为固；其外，则有八百里梁山泊可恃以为泄。”②

清代也有主张向北分流的。乾隆十八年（公元一七五三年），孙嘉淦上书，首先叙述大清河[4]为适宜的河道，水流很顺。“河用全力以争之，必欲北入海，人用全力以堵之，必使南入淮。”并说：及到清代，大约决北岸者十之九。北岸决后，溃运道者半。凡溃运道者，都从大清河入海。建议于阳武以下，开减河入大清河。“大清河能受黄河之半，兼能受黄河之全，从前屡试之矣”③。看来，名为减河，实为改道之先声。由于清王朝不同意改道，故以减河称之耳④。至于分流后的运道，孙嘉淦建议，由张秋[40]顺河东北流，五、六日可到利津（大清河入海处），去天津不过四五百里，在登莱（指山东蓬莱、掖县一带）以上，并无隘阻。或则，沧州宣惠河下游，距大清河甚近，亦可沟通，以达漕舟。

清赵翼倡议两河轮替使用，说：“河之所以溃决者，以其挟沙而行，易于停淤，以致河身日高，海口日塞……今欲使河身不高，海口不塞，则莫如开南北两河，互相更换。一则寻古来曹[181]、濮、开[145]、滑、大名、东平北流故道，合漳、沁之水，入会通河[3]，由清[175]、沧出海。一则就现在南河，大加疏浚，别开新路出海。是谓南北两河……所谓开两河者，虽有两河，而行走仍只用一河，每五十年一换。如行北河将五十年，则预浚南河，届期驱黄水而南之。其北河入口之处，亟为堵闭，不使一滴入北。

---

① 《行水金鉴》卷二十一。

② 《明经世文编》引《徐武功文集》。

③ 《续行水金鉴》卷十三。

④ 《续行水金鉴》卷十三。

及行南河将五十年，亦预浚北河，届期驱黄水而北之。其南河入口之处，亦亟堵闭，不使一滴入南。如此更番替代，使汹涌之水，常有深通之河，便其行走，则自无溃决之患。即河工官员兵役，亦可不设，芦秸土方埽木之费，亦可不用……此虽千古未有之创论，实万世无患之长策也……”①黄河挟沙量大，清淤工作必甚巨（按近年情况推估，清淤量约为二百亿吨）。且护堤的埽，以及砖石护坡并不能省，防汛人员和设备亦不能缺。

主张向南分流的颇多。事实上，明代经常采取这种措施。明费宏建议：“为今之计，必须涡河等河如旧通流，分杀河势，然后运道不至泛滥，徐沛之民乃得免于漂没。若不速为计画，将来河复北决，意外之虑又有不可言者。”戴金建议：“对于壅塞之处，逐一挑浚，使之流通，则趋淮之水不止一道，而徐州水患可以少杀矣。”杨宏建议，开浚入淮分流支派②。

明代章拯等上书说：“黄河济漕，固为国家之利，至于泛滥，则为地方之患。今欲疏浚分杀，以免民患而济运漕者，有二处：一曰孙家渡[42]，在荥泽县北，一曰赵皮寨[54]，在兰阳县北，皆可以引水南流，以杀水势。但此二河通亳州涡河东入淮，又东至凤阳长淮卫，经寿春王等园寝，为患叵测。惟考之宁陵县北，岔河一道，通饮马池[139]，至文家集，又经夏邑，至宿州符离桥，出宿迁小河口。自赵皮寨至文家集，凡二百余里，其中壅塞者，宜大发丁夫浚治，庶水势易杀，而园寝亦无所患。”嘉靖六年（公元一五二七年）批示，同意这个建议，并命即时举办③。

其后，戴时宗建议开三条支河说：上源本有四处河口，一由孙家渡出寿州（按：近似颍河所经），一由涡河出怀远，一由赵皮寨[54]出桃源[6]（按：由今河南兰考至江苏泗阳），一由梁靖口[50]出徐州小浮桥[48]，四道俱塞。除涡河一支中经凤阳皇陵，未敢轻举，其余三支河欲乘此鱼台之壅

---

① 凌扬藻《蠡勺编》，见岑仲勉《黄河变迁史》十四节。

② 《明史·河渠一》。

③ 《明世宗实录》，见《行水金鉴》卷二十二。

塞，令开封府河夫卷埽填堤，逼使河水分流，以杀其上源①。

万历二十五年（公元一五九七年），杨一魁上书，主张三河并存。他说："自黄堌[140]一决，全河南徙，兖、豫、徐、邳得免河患，其余波出于义安者，又导之入小浮桥[48]，足以济二洪[43]之涸。则今日之河，既合于决堤放水之议，而又不足为运道之虞……今若空砀山一邑之地，北导李吉口[138]下浊河[112]，南存徐溪口下符离，中存盘岔河下小浮桥[48]，三河并存，南北相去约五十里，任水游荡，以不治治之。量蠲一邑千金之赋，岁省修河万金之费，不劳民力，河患可平。此一时之省事，亦万世之良图也。"②

从第二章里可以看到，明中叶河流很紊乱，是与采用分流的办法密切相关。迨至清咸丰五年（公元一八五五年），铜瓦厢[68]决口，改道北流后，也有支流分流的建议。刘鹗说："修支河以消盛涨也。夫治河原有两难。缕堤[177]不紧，无以收束水攻沙之效。缕堤既紧，又无以消盛涨之波。尝见遥堤以内，夹河之间，万民沦没，惨不可言。在上曾设法以迁民，在下则至死不去。若弃遥堤而守民埝不可，弃万民而守遥堤尤不可。（按：这时山东民埝为近河之堤，颇似明时所谓缕堤。所称"夹河之间"，即遥堤与民埝之间。）反复筹划，只有师禹播九河、王景八河之意，多播支流以泄涨水。有格堤之功，无格堤之害。复法禹厮二渠之意，略为变通，分为南北二渠，以收支水。均就遥堤为外堤，再加筑以内堤（按：此堤在遥堤与民埝之间）。每两堤（按：指遥堤与内堤）相去，以六十丈为率。北岸起长清、齐河界，至利津上遥堤尽处止。南岸起济阳、章邱界，至利津下遥堤尽处止。仍令合而为一，以法禹同为逆河之意。再于各支河口（按：指支河上口），建立石闸。汛至则启闸泄水，汛退则闭闸攻沙。亦王景十里立一水门，更相洄注之意也。曾以此意，遍访民间，无不欢跃。或曰，开通支河，建立石闸，光绪五年，钦差夏同善曾经奏请，旋经前山东巡抚周恒祺，据臬司潘骏文禀称：分水入徒骇，惟是减水一次，则受淤一次，岁岁续挑，劳费无已。且恐黄河日向北刷，设

① 《明世宗实录》，见《行水金鉴》卷二十二。

② 《续文献通考》，见《行水金鉴》卷三十九。

竟掣动大溜，冲塌石坝，必致泛滥为害，等云。谨案掣溜与淤塞二理不能并立。盖支河低于正河，必然掣溜。支河高于正河，必然淤塞。兹既患淤塞，又患夺溜，有是理乎？”接着说明，遥堤之间，曾经测量，无甚高甚低之弊，不至淤塞或夺溜。①

刘鹗支河的建议，颇似在大堤与民埝之间开泄洪道之意。其法为，于正槽南北各设宽六十丈的泄洪道，上起济南一带，下至利津，洪水时三股分流，中低水时仍走正槽。与以上各家分流意见有所不同。

反对分流的议论也很多。明万恭说：“或者欲分河以苟免修守之劳，而不欲事堤以永图饷道之利；又不虞河分之易淤，堤废之易决。其未达祖宗之所以事河，与河之所以利运者，余故备著于篇，大智者采择焉。”又在驳多穿漕渠以杀水势时说：“此汉人（按：指贾让）言也。特可言之秦晋峡中之河耳。若入河南，水汇土疏，大穿则全河由渠，而旧河淤，小穿则水性不趋，水过即平陆耳。夫水专则急，分则缓。河急则通，缓则淤。故曰，黄河合流，国家之福也。”②

明潘季驯反对分流最力，他说：“黄流最浊，以斗计之，沙居其六。若至伏秋，则水居其二矣。以二升之水，载八升之沙，非极迅溜，必致停滞。若水分则势缓，势缓则沙停，沙停则河塞。河不两行，自古记之。支河一开，正河必夺。故草湾[141]开而西桥故道遂淤。崔镇决而桃[6]、清[7]以下遂塞。崔家口决而秦沟遂为平陆。近事固可鉴也。”③

又说：“分流诚能杀势，然可行于清水之河，非所行于黄河也。黄河斗水，沙居其六。以四升之水，载六升之沙，非极迅溜湍急，则必淤阻。分则势缓，势缓则沙停，沙停则河饱。饱则夺河，河不两行，自古记之。借势行沙，合之者乃所以杀之也。”又谓，“‘水涨之时，暂开决口，以分其流，水落复塞’。此言诚似有见。但塞决如升天之难，费亦不赀。臣于万历八年（公元一五八〇年）筑有崔镇、徐升、季太、三义四减水坝于桃源县[6]遥堤，筑坝与地平，水浮则泄。此与开决之说无异，而水

① 刘鹗《治河五说》。

② 万恭《治水筌蹄》。

③ 潘季驯《河防一览》卷二《河议辩惑》。

遇石止(按:指坝为石砌),难于深刷,可无夺河之虞。水落归槽,坝复如故,可免塞决之费。此外不须另开决矣。"①

潘季驯既反对分流,有决口则建议堵塞。如万历六年(公元一五七八年),在《两河经略疏》里说:"窃惟河水旁决,则正流自微。水势既微,则沙淤自积。民生昏垫,运道梗阻,皆由此也。臣等查得,淮以东则有高家堰[67]、朱家口、黄浦口三决,此淮水旁决处也。桃源上下则有崔镇口等大小二十九决,此黄水旁决处也。俱当筑塞。"又说:"河性最急,滔滔西来,一至崔镇,由故道既不顺,由决口又不顺,则崔镇而上能保其无虞乎?上愈决而下愈壅,恐桃、清而下,即二、三尺之水,亦不能保其常也。"意谓即将影响漕运。

潘季驯力斥分流,大倡筑堤,虽有一定的效果,而不久河又为患。因有杨一魁"三河并存"的主张。但三河并存也并非如所预估,为"万世良图",不久,"河日益难,而黄堌[140]以下之李吉口[138]垫淤益高,北流遂绝。"②

清代大都遵循潘季驯的意见。今举二例以作说明。陈潢说:"拯河患于异涨之际,不可不杀其势。若平时虞其淤塞,而致横决之害,更不可不合其流。是合流为常策,而分势为偶事也。设专务于分,则河流必缓,缓则沙停而淤浅。愈浅愈缓,愈淤愈浅,不日而故道俱塞。河既不得遂其就下之性,势必旁冲而四溃矣。"③潘骏文说:"疏则不过无益,分则犹且有害。减坝之法所以泄异涨而保危堤,本系一时权宜之计,又必得山根地脊天然坝基。故往年南河有之,东河则无(按:此文写于光绪十年,在铜瓦厢决口改道北流后的二十九年,东河指现在河道)。因土性沙松,无可建坝之处。且减坝亦只暂启旋闭,并非长年任其泄水也。然势分则水缓,水缓则沙停,正河即有受淤之弊。虽闭坝仍可淘刷,第微淤日积,难遽深通,故南河减坝上下游,数十年每有漫溢,未始非暗受分减之病。况东省(按:指山东省)河身正患中满,方虞水力之

---

① 潘季驯《河防一览》卷十二《并勘河情疏》。

② 《南河全书》,见《行水金鉴》卷三十九。

③ 张霭生《河防述言·堤防第六》。

不专，更可分减以助其淤乎？是则治东省今日之河，惟当用束水攻沙，以筑为浚之策。"①

黄河分流与否的争论，关键在于对水流与泥沙关系的认识，也就是对于水、沙与河道的相互关系的认识。这也是一般河道整治所探讨的问题。不过黄河有挟沙量大的特点，问题就更为复杂，是迄今仍有待于研究的问题。明清对于泥沙的处理，没有注意来源的减少。即有见于此，亦由于社会制度的限制，不可能有所解决。此外，对于水沙的运行规律、河势的冲积变化，又缺乏科学的观测和实验，所以只能提出概念性的意见，从事争论。分流固未能减除淤垫泛滥的灾害，束水亦未获得减轻灾难的效果。不过，这种争论确实反映了黄河症结的所在，应当引起重视。

第二节　筑堤的论据

河流大都上冲下积，有的在下游淤积为大平原，如黄河。所谓上下是相对而言。以黄河而论，在宁夏、内蒙古的河套地区也淤积了一片平原。就是在山区，由于一束一放、一弛一张的形势，也常有小片淤地。在淤积平原上的河道大都宽浅。在洪涨时期，溢出河道，漫流两岸。为了保护农业生产以及其他经济建设和居民生活安全，常于河的两岸筑堤。堤的另一个作用是增大河槽的排泄量。这是因为：一则由于增添了地面以上的过水断面，河槽的容泄量增大；再则由于河道主槽部分在洪涨时的深度增加，流速即有所增加。由于流速和排泄量的增加，冲沙和挟沙的能力也增加。这也可以说是"筑堤束水，以水攻沙"的理论根据。但是，堤为淤积的土所筑，不能抵抗大溜和急流的冲刷。虽可施以护岸防冲工事，但工事也仅限于迎溜坐湾之处。且堤身土质易于渗漏，不宜长期临水。因之，堤的高度和堤距的缩窄将有一定的限度。再则，下游河道坡降减缓，流速亦必较缓。因有这些限制，能否只恃"筑堤束水"之法将全部来沙输送入海，自属疑问。从历史的记述和最近三十

① 《潘方伯公遗稿》卷二《议黄河》。

年的观测而言，黄河下游都没有满足这种要求。

筑堤既不能制止河道的淤垫，堤必随河身的淤高而增高。又以修防不力不周，仍常有溃决泛滥之患，因之给反对筑堤者以口实。此外，地上河又导致两旁土地的沼泽化或盐碱化，有害生产。而黄河泥沙肥沃，于是反对筑堤者又认为无堤既可减轻两旁土壤恶化，且可漫地肥田。这就又提出了一个新问题，即变害为利的问题。

由此可见，主张筑堤和反对筑堤的焦点，仍是对于泥沙的处理问题。但由于社会经济的日益发展，自不容许黄河废堤而散漫横流。那么，问题就是，怎样能使上游来沙尽量输送入海，又怎样能利用泥沙加强堤防和改良土壤。这也还是当前有待研究解决的问题。

"筑堤束水"、"宽立堤防"，或是"以不治治之"，听其漫流，是文献中常见的争议。不过在明中叶以后，筑堤导流之说则占了主导地位。

潘季驯是明代主张筑堤的代表人物，并且在先后四次任河官的九年中力行这一主张。他说："检括故牒，咨询父老，始信治河之法惟有修防，必难穿凿。""考之书传，目周定王五年河徙砱砾[179]，历汉、唐、宋、元以至我朝，河决不知几千百次矣，诚如圣谕。黄河冲决为患不常者，而自发源以至入海处，惟见其合，不见其分，曾无两河并行。而古今治河者，惟以塞决筑堤成功。稍事穿凿，非久即废。何也？盖黄河与清河迥异。黄河性悍而质浊。先臣张仲义云：河水一石六斗泥。以四斗之水，载六斗之泥，非极湍悍迅溜不可。分则势缓，势缓则沙停，沙停则河饱，河饱则水溢，水溢则堤决，堤决则河为平陆，而民生之昏垫，国计之梗阻，皆由此矣。有谓堤能阻水，水高堤高，堤无穷已者。盖不知堤能束水归槽，水从下刷，则河深可容。故河上有岸，岸上始有堤。平时水不及岸，堤若赘疣。伏秋暴涨，始有逾岸而及堤址者。水落复归于槽，非谓堤外即水，而旋高旋增也……有谓水欲其泄，决以泄水，安用筑为？盖不知浊流易壅，泄于决则必壅于河，必无两全者……故治河之法，惟有慎守河堤，严防冲决。而圣谕经理防御倍宜加慎之外，更无他策矣。舍此而别兴无益之工，即为劳民，舍此而别为无益之费，即为伤财。"①

---

① 潘季驯《河防一览》卷十《恭诵纶音疏》。

潘季驯的一些见解，前章多所引述。这里只想说明他对于筑堤意见的坚持，而且认为舍此"更无他策"。

潘季驯认为固堤是防守的第一义，他说："窃惟治河之法，别无奇谋秘计，全在束水归槽。归槽非他，即先贤孟轲所谓水由地中行。而宋臣朱熹释之曰，地中两崖间也。束水之法亦无奇谋秘计，惟在坚筑堤防。堤防非他，即《禹贡》所谓九泽既陂，四海会同。而先儒蔡沈释之曰，陂障也；九州之泽已有陂障，而无决溃，四海之水无不会同，而各有所归也。故堤固则水不泛滥，而自然归槽。归槽则水不上溢，而自然下刷。沙之所以涤，渠之所以深，河之所以导而入海，皆相因而至矣。然则，固堤非防守之第一义乎？而岁修之工，舍固堤其何以乎？"①

潘季驯认为筑堤正所以导河。他说："议者谓：贾让有云，土之有川犹人之有口也。治土而防其川，犹之儿啼而塞其口。故禹之治水以导，而今之治水以障，何也？臣曰：昔白圭逆水之性，以邻为壑，是谓之障。若顺水之性，以堤防溢，则谓之防。河水盛涨之时，无堤则必傍溢，傍溢则必泛滥而不循轨。岂能以海为壑耶？故堤之者欲其不溢而循轨，以入于海，正所导之也。考之《禹贡》云：九泽既陂，四海会同。传曰：九州之泽已有陂障，而无决溃，四海之水无不会同，而各有所归。则禹之导水何尝不以堤哉！"②

万恭论筑堤的过程和效果时说："徐、邳顺水之堤，其始役也，众哗以谓黄河必不可堤，笑之。其中也，堤成三百七十里，以谓堤必不可守，疑之。其终也，堤铺星列，堤夫珠贯。历隆庆六年（公元一五七二年），万历元年（公元一五七三年），运艘行槽中若平地。河涨，则三百里之堤，内束河流，外悍民地。邳、睢之间，波涛之地，悉秋稼成云，此堤之余也。民大悦，众乃翕然定矣。"③

清靳辅奉行潘季驯筑堤之说。世之反对筑堤者，辄引汉代贾让三策。靳辅说："贾让之三策，今人皆盛称之。然即让之言，有不能概行

---

① 潘季驯《河防一览》卷十《申明修守事宜疏》。

② 潘季驯《河防一览》卷十二《并勘河情疏》。

③ 万恭《治水筌蹄》，见《行水金鉴》卷二十九。

于让之时者。何也？地形水势，随处不同。让所言，乃据黎阳[92]、东郡[119]百里间之情形而言，使移而行之徐、兖、中州[158]之境，则已有大谬不然者。而况欲举千七百年前之论，而行之于千七百年后之河道，则亦天下之愚人而已矣。”

接着又说：“夫治河以卫民也，徙民非细事也。在上世土阔人稀，故殷避河患，至五迁其国都，而不以为难。后世人民稠庶，今自开、归以至徐、邳而下，皆通邑大都，万无可徙之理……”结论是“若时非西汉，地非黎阳、东郡，岂特非上策，是为无策。”

在论筑堤时说：“至若堤防者，河之要务。自西汉以迨元、明，治河之臣未有不用堤防而能导河使行者。近代潘季驯最称治河能臣。而其终身所守，惟是筑堤以束水，束水以刷沙二语耳。而今之空谈局外者辄曰，此贾让所谓下策也。夫使让诚以筑堤为下策，则当不云据坚地作石堤矣。使让诚以筑堤为下策，则必用疏、用浚，又不当云：‘为筑非穿地也，但为东方一堤，北行三百余里入漳水’矣。详让所言，则其筑堤以束水之旨，实与季驯同也。盖堤防之言，乃大概之言。施之得其当，则为束水以导河。施之失其当，则为壅水以遏河。”在说明当时的河势以后，又说：“盖西汉之世，文辞朴略，不甚分疏，使人意会。今人亦但顺读其书，曰：‘缮完故堤，增卑培薄，劳费无已，数逢其患，此最下策。’遂趁口传说，而忘其所谓故堤，乃即百里之间，再西三东，浚、滑二邑之民曲防遏水之堤也。今使于云梯关[117]一带，筑南北堤各一道，堵绝河流。人从而非之曰，治河而防其川，犹止儿啼而塞其口。吾忿然而与之争，曰：堤防治河之要务耳，安得而非之，不亦大可笑乎哉！亦请得而断之曰，浚、滑二邑，百里之间，再西三东之故堤，真下策。而让所议，起淇口至漳水石堤三百里，放河入海之堤，真上策也。”①

清胡渭也是主张筑堤的。他说：“如贾让所云，西薄大山，东薄金堤者，任其所之可也。若平地横流，则急宜修塞，使归故道。苟任其所之，则兖、豫、青、徐数州之地皆为糜烂之区矣。所争岂仅万里中之咫尺

---

① 靳辅《治河汇览》卷三《又论贾让治河奏》。

而已哉。”①

也有主张不要堤的。如清陈法说：“河决也，虽数里之遥，堤无不立溃，亦何益乎？明知其无益而筑之不已，且再三筑之，守贾让之下策，为不易之良法。盖束水攻沙之说深入人心，其流毒未有已也。今奈何复踵其覆辙乎……无堤则水势散漫平衍，何由而决？即大水而河溢，旁河之地反得填淤，麦必倍收，不为患，此事理之至明者也。不然，古无堤而河不烦治，今堤防峻，河何以多决也！”②

清龚元玠说，禹不筑堤而有堤：“禹不必筑堤，而其堤非后世所及也。盖禹得力首在疏九河，次则尽力沟洫。五沟，自二尺之遂，递倍其数，以至于浍，深广丈六尺。而川则不可以丈尺限矣。五涂（按：指道路），以深广为高广，自二尺之径，递倍其数，以至于道，高广丈六尺。而路则又倍之，为三丈二尺矣。然则，凡川入河，两旁皆有三丈二尺之路。沿河与路相际，高广相等。所谓不必筑堤，而其堤非后世所及也。”③似属臆度之说。

同是主张筑堤，而对于堤矩的宽窄也有不同的意见。清末铜瓦厢[68]决口改道后，潘骏文主张展宽河面以容盛涨，说：“淤由于决，而决由于溢。非展河面而固堤防，河患终不可治。不守民埝（按：指近河的埝），则盛涨始有所容。不溃大堤，则水势乃无旁泄。迨冬令归槽之后，自能行溜刷淤，以渐冀深通，由河身以达于海口，转机在力保一年，而收效当在数年也。”④他主张不守民埝，并且反对在大堤以内，近河再修民埝，说：“夫既筑大堤以防河，则近水处不应复有民埝……民埝逼水易决，是抬水以射堤，大堤已处于溃决之势。”⑤

清咸丰五年（公元一八五五年）黄河改道北流初期，兰考迄东阿以西，还没有堤防，或在堤防不全的时候，河北山东交界一带，洪水漫流，

---

① 胡渭《禹贡锥指》。

② 陈法《河干答问·论开河不宜筑堤》。

③ 龚元玠《黄淮安澜编·治河客难十三则》。

④ 《潘方伯公遗稿》卷四《上张中丞筹议东省现在河务事宜》。

⑤ 《潘方伯公遗稿》卷四《现议山东治河说》。

且常决口。所以东阿以东的负担较轻。及至上段堤防完成,堤身渐固,导流下行,东阿以下便称多事。大堤以内逼近水流处又多有民埝。潘骏文主张不守民埝。

光绪二十二年(公元一八九六年),山东巡抚李秉衡认为,东阿以下的河身过窄,且多淤淀,归纳为束水攻沙之说不可恃。在一个奏折中写道:“查大清河,自东阿鱼山而下,至利津海口,原宽不及一里,深至四、五丈,束水可谓紧矣。自咸丰五年铜瓦厢东决以来,二十年中,上游侯家林[146]、贾庄[147]一再决口,而大清河以下尚无大害。然河底逐年淤淀,日积日高。迨光绪八年,桃园决口以后,遂无岁不决。虽加修两岸堤埝,仍难抵御。今距桃园决口又十五年矣。昔之水行地中者,今已水行地上。是束水攻沙之说亦属未可深恃。现在河底高于平地,俯视堤外,则形如釜底。一有漫决,则势若建瓴。”①这时东阿以下的堤距,除束水卡口处约宽一里外,均略大于此数,但较之东阿以西的堤距则为窄。

就现有河道两堤距离而言,河南境内堤距较宽,流径已久。及入山东境,即为铜瓦厢决口改道后的河道,堤距逐渐缩窄,至东阿而东则成为窄河槽。河南境内宽河段,于洪涨时期,固有荡漾水势的作用,然调节能力不大。而上下游的泄水能力相差过于悬殊,下游不能宣泄上游来量,诚如潘骏文、李秉衡所论。前人由于技术条件的限制,只论宽窄,而无定量的观测和分析,故常引起争论。关于堤距问题,还将于第六章中论之。

潘季驯特别强调筑堤利于刷淤,利于导河入海。他认为只要固堤,使河不溃决,或不分流,河道就不至淤高,而且刷深。他说:“故堤固则水不泛滥,而自然归槽。归槽则水不上溢,而自然下刷。沙之所以涤,渠之所以深,河之所以导而入海,皆相因而至矣。”②显然夸大了固堤的作用。不只清代的范玉琨、李秉衡等人,用事实否定了这种说法,就是在当时,也没起到这种作用。从第四章第二节的各家议论也可见一斑。

---

① 林修竹、徐振声《历代治黄史》。

② 潘季驯《河防一览》卷十《申明修守事宜疏》。

但是，由于潘季驯的这一种想法，而归纳为应当筑堤，并且要固堤，则对于减轻水灾是有利的。这也是对黄河从消极退让进而为积极防治的措施。不过，如果只有堤防而无其他措施，又不严事修守，决口仍所难免。至于堤线、堤距、堤身的计划不当，也将成为决口的原因。不能单纯地认为“筑堤”则万事大吉。必须采取全面规划，综合治理，妥善安排。对于工程则应加强管理，严立修守制度，贯彻执行。明清限于社会和技术条件，虽有堤防，但没有能发挥堤防的应有作用。

第三节　北堤南分始末

“北堤南分”就是在徐州以上北岸筑堤防守，以免北决犯运河，而在南岸则采取数支分流，以杀水势。维持漕运既是明代治河的首要目标，而明代前期黄河又多次北决，冲毁张秋运道，于是，治河方略从明初的单纯分流改变为“北堤南分”的主张。这一实践始于白昂，刘大夏更进一步发展，持续到刘天和时期。到嘉靖后期，支河淤塞，浚亦不能持久，便停止开支河，而南北俱堤之议又起。

元末明初，黄河北泛，灾害严重，金乡、鱼台、济宁、范县、东明、曹县、濮阳一带，几无宁日。明太祖洪武十四年（公元一三八一年），泛滥又渐移于南岸。第二章第三节述及第二十次大改道，发生于正统十三年（公元一四四八年），三股分流。北股经新乡、聊城，至张秋[40]穿运河，汇大清河[4]入海，中股和南股入淮。景泰四年（公元一四五三年），徐有贞虽堵塞运河在寿张的沙湾[41]决口，而黄河三股的形势未变。弘治二年（公元一四八九年），发生第二十一次大改道，河决向南、北、东三面分流。北支冲张秋运河，其余四支分别注淮。次年，命白昂治之，筑阳武长堤，以防北决犯张秋，并分别开浚入淮各支，这就开了“北堤南分”的先河①。弘治五年，河势北趋，决为数道，冲黄陵冈[104]，犯张秋戴家庙，又危及运河。

次年，命刘大夏修治决河。他根据朝廷的旨意，明确提出，“治河

---

① 《明纪事本末》，见《行水金鉴》卷二十。

之道,通漕为急”,为此,必须“俾河流南行故道,而下流张秋,可无溃决之患”①。北堤南分的方案也就进一步明确并大力付诸实践。

就在这时,河南巡抚余升上书,建议南浚由睢入淮之故道,北修残破之旧堤。就是所谓“既杀水势于东南,又作堤岸于西北”。这样,张秋[40]可以无患,漕河也就可保②。余升根据指示,又提出一些比较具体的意见。

这一年,黄河又决张秋东堤,夺汶水[132]入海。弘治七年(公元一四九四年)十二月筑塞张秋决口,并一度改张秋镇为安平镇。刘大夏又疏通南岸支河。于弘治八年正月,兴工筑塞黄陵冈[104]及荆隆[39]等口七处。“诸口既塞,于是上流河势复归兰阳、考城分流,经归德、徐州、宿迁,南入运河(按:即泗水),会淮水东注于海。而大名府之长堤,起河南胙城[180],历滑县、长垣、东明等处,又历山东曹州[181]、曹县,直抵河南虞城县界,凡三百六十里,名太行堤[47]。荆隆口等处新堤,起于家店及铜瓦厢[68]、陈桥,抵小宋集,凡一百六十里(按:这是太行堤以南的又一道北岸防线)。其石坝俱培筑坚厚。而溃决之患于是息矣。”③实际上,并不如所记,次年各地又决。

黄河水势,自这次治理后,南岸支河分注入淮。但于弘治十八年(公元一五〇五年)入颍、涡二河的水断流,河又北徙三百里(按:指颍、涡之北),至宿迁小河口入运河。正德三年(公元一五〇八年),该道又被淤塞,黄河又北徙三百里,改经贾鲁故道[1],至徐州小浮桥入运河。正德四年六月,黄河又从曹县杨家口、梁靖口决,直抵单县,又北徙一百二十里,至沛县飞云桥入运河。这里所称的运河都指泗水故道,黄河注入后,即为黄河,南流汇淮。这三次北徙,黄河入泗处分别为小河口、小浮桥与飞云桥。

次年,李镗上书说:河势北徙,有如建瓴。建议从大名府三春柳,至

---

① 刘健《黄陵冈塞河功完之碑》,见《明经世文编》卷五十三。

② 《明孝宗实录》,见《行水金鉴》卷二十。

③ 《明孝宗实录》,见《行水金鉴》卷二十一。

沛县飞云桥，筑堤三百十里正，以防河北徙，而保运道①。但以农民起义，只修紧要部分。这又是一道北堤。

正德十六年（公元一五二一年），龚弘上书说：他在正德十一年十二月到十六年五月治河期间，曾自长垣由黄陵冈[104]，抵山东杨家口[142]筑堤，延袤二百余里，广百尺，高十有五尺。又建议，于堤后相距十里许，再筑一堤②。可见，在这三十多年间，修筑北堤数道，也可能交错相连，也可能时修时废。则今之所谓太行堤，可能是在白昂、刘大夏及其以后陆续修筑而存在的一道堤。

嘉靖五年（公元一五二六年），吴一鹏上书说：清河[7]以北，兖州以南，水势弥茫，田庐淹没。请求就涡河湮没处加以浚通，或开支河。费宏上书也建议疏通涡河，分杀水势③。

嘉靖六年（公元一五二七年），李承勋建议南分北堤，他说："相六道分流之势，导引使南，可免冲决之患。此下流不可不疏浚者也。然欲保丰、沛、单县、谷亭[120]之民，必因其旧堤，筑之障其西北，使不溢出为患。此则上流不可不堤者也。"④

嘉靖十三年，朱裳上书，主张南岸分流，北岸固堤，并得批准。说："弘治以前，四支分流，若孙家渡[42]、涡河口、赵皮寨[54]、梁靖口[50]，近年俱已湮塞，而全河东奔。自曹、单、城武等处，径趋沛县。又自沛北徙，径金乡、鱼台，出谷亭口，而运道大有可虞。计今日河患，未可力胜，要在分其流，以杀其势而已。今梁靖口、赵皮寨幸已疏通，孙家渡亦行挑浚。惟涡河一支……其北岸自河南原武，至山东曹县，历年筑长堤，以防东北入海，守护甚严。但日久坍塌者多，不任冲激。所宜急为修筑，兼添月堤，以御奔溃。"还建议加强鲁桥[121]到沛县的堤，筑济宁缕堤等⑤。

这时，刘天和也有类似主张："河性湍悍，如欲杀北岸水势，则疏南

---

① 《明武宗实录》，见《行水金鉴》卷二十二。

② 《明世宗实录》，见《行水金鉴》卷二十二。

③ 《明世宗实录》，见《行水金鉴》卷二十二。

④ 《明会典》，见《行水金鉴》卷二十三。

⑤ 《明世宗实录》，见《行水金鉴》卷二十三。

岸上流支河，上策也。”①

隆庆三年（公元一五六九年），严用和建议堵塞决口，停开支河，说：“……宜饬所司，塞决口，挑浚淤沙，以纾目前之急……至欲多开故道，以杀河势，则臣以为不可……即嘉靖中，开浚孙家渡[42]等处，费出不赀，旋即壅塞，未有能出奇策，使河受约束者也。”②可见这时河患已深，支河淤塞，浚亦难持久。因而主张停开支河、堵塞决口之议渐起。

隆庆六年，雒遵条陈治运河五事，并主张黄河南北都修堤。这时距刘大夏修太行堤才七十九年。雒遵说：“自茶城[106]以西至开封府界，为黄河之上源，南北两岸长堤多缺，北徙则新河[53]有妨，南徙则二洪[43]告竭，且虞陵寝。宜于北岸接筑古长堤以遏丰、沛之冲，南岸续旧堤以绝南射之路。”③批复同意执行。过去几十年间大都主张北堤南分。严用和倡议停开支河于前，雒遵条陈南北俱堤于后，治河形势到此为之一变。

同一年，张守约上书，建议增筑堤岸，停开新河：“全河既复故道，修治之策在增筑堤岸，以束水流，以防奔溃。其地势最下者，如徐州青田浅、吕梁[45]达曲头集六十里，直河[109]至宿迁小河口七十里，皆宜修筑大堤，工最急。自小河口至桃源[6]清河[7]一百四十里，宜筑缕堤[177]；清河草湾[141]决口宜塞，工次之。徐州至茶城[106]四十里，宜接补小堤，茶城以上接曹县界北堤二百六十里，宜筑缕堤，工又次之。诚量其缓急，次第修治，使河流直下，停淤漫决可免，而牵挽可施。此治河之较也。夫与其开不可必成之新河，孰若修治已通之旧河，为力甚易。与其费数百万开河，熟若以数十万修河，为费甚省。”④建议也被批准。修堤河段多在徐州以下。

同年，时鸾修筑南堤，自兰阳县赵皮寨至虞城县凌家庄，长二百二十九里有奇。万恭上书，建议在时鸾修堤之后，再续修旧堤，说道：“前

① 刘天和《问水集》。
② 《明穆宗实录》，见《行水金鉴》卷二十六。
③ 《明穆宗实录》，见《行水金鉴》卷二十六。
④ 《明穆宗实录》，见《行水金鉴》卷二十六。

堤系运道上源，先议兴筑，南北并峙。若南强北弱，则势必北侵，张秋[40]等处可虞。北强南弱，则势必南溢，徐吕二洪[43]可虑。”①

万恭主张南北皆堤，说：“故欲河之不暴，莫若令河专而深。欲河之专而深，莫若束水急而骤。束水急而骤，使由地中，舍堤无别策。”但是，他和其他许多人一样，主张北堤应强，认为南决祸小，北决患深②。

可见，北堤南分，乃是主张分流的方案之一。由于北决伤运，所以主张筑北堤。分流的方法既不可行，南分的方法也不可行，乃逐渐演变为南北俱堤。刘尧诲说：“弘治间，惧黄河之北犯张秋也，故强北岸而障河使南。嘉靖间，以黄河之南徙归、宿也，故塞南而障河使东。”③说明了策略转变的形势。而南北俱堤，又有轻重之分，要严防北决，以维漕运。所以认为南决祸小，北决患深。

潘季驯第三次任河官，也是其治河意见逐渐形成的时期，“北堤南分”之议完全被“筑堤束水”主张取代。黄河下游朝着堤防化迈进。明代前期迁徙不定的河道，这时基本被稳定下来了。而在“筑堤束水”试行前后，“黄淮分流”之说又渐盛。

第四节　分黄导淮的议论

分黄导淮之说，倡于明中叶后期。这是由于南北俱堤既不能防御黄河水患，而淮又以受河水淤垫顶托，灾害日加严重，以至泗州[174]祖陵浸没威胁日大，漕运阻滞日甚。于是，又议在宿、桃[6]、清河[7]一带，使黄河向北分流，并导淮河另走一路。这就是分黄导淮的议论。但在明代由于“风水”迷信的限制，必欲维持黄淮相会于清口[102]，所以分黄导淮的议论虽多，而事功则少，仅局部小试即罢。

万恭主张分淮南流，由射阳入海，以救淮安。不过，他认为这个建议将遭到很多的反对，甚至获罪。他说：“若导黄河经河南，会淮水于

---

① 《明神宗实录》，见《行水金鉴》卷二十七。

② 万恭《治水筌蹄》。

③ 刘尧诲《治河议》，见岑仲勉《黄河变迁史》第十三节下。

颍川、寿春(按:指黄河经颍水、涡河会淮),势既不能;若任淮水之灌淮安,势又不可。惟朝廷定策,固高、宝诸湖之老堤,建诸平水闸,大落高、宝诸湖之巨浸,广引支河归射阳入海之洪流。乃引淮河上流一支入高、宝诸湖。如黄河平,则淮水会清河[7]故道,从淮城之北同入于海。如黄河涨,则淮水会高、宝湖新道,由射阳湖之南同入于海。则淮安得平土而居之乎!然非朝廷定策,则首议者不免为晁生(按:指汉晁错)以说耳。"①

潘季驯反对黄淮分流,说:"议者又云:往因淮黄并流,势不相敌,故淮避而东。今诸决既塞,两河复合,一则高家堰[67]、清江浦[116]之堤其能保乎?此说尤似有见。但查两河合流,自元以前无论矣,即平江伯创高堰之后,几二百年,合流无恙(按:水患严重,怎能说无恙)。至隆庆年间,高堰决而后淮南遂为水困。寻复筑之,而淮、扬无水患者二年。惜以钱粮缺乏,所费六千余金,以致卑薄易溃,而人遂有避河之说。夫淮避河而东矣,河之决崔镇[118]也,亦岂避淮而北乎?盖高堰决而后淮水东。崔镇决而后河水北。堤决而水分,非水合而堤决也。"②颇多强辩之辞。

万历五年(公元一五七七年),黄河又决于崔镇。河道都御史傅希挚议堵筑决口,束水归槽。漕运侍郎吴桂芳欲使决水冲刷成河,以老黄河为入海之道③。所谓老黄河,即为由泗阳,沿北六塘河,于灌口入海。如由老黄河入海,则黄淮分流。这时潘季驯第三次任河官,在勘查后说:"……惟导归之海,则以水治水,导河即以浚海也。然河未易以人力导,惟缮固堤防,使无旁决,水入地益深,则治防即以导河也。"④所以在《两河经略疏》内有暂寝老黄河之议,认为复黄河故道有三不便:一是,原河七十余里,中间故道久弃,无论有水无水之地,询之居民俱失其真,无从下手。二是,故道欲行开复,必须深广与正河等,乃可夺流。而

① 万恭《治水筌蹄》。
② 潘季驯《河防一览·附存》。
③ 《明神宗实录》,见《行水金鉴》卷二十九。
④ 《南河全考》,见《行水金鉴》卷二十九。

现存大河口窄狭，不及桃[6]、清[7]三分之一。而三义镇[123]入口之处，背湾径直，恐水未必趋。三是，其中流，如鱼沟、铁线沟、叶家口、阴阳口等处，地势卑洼，诸决之水，漫流至此，一望弥茫。筑堤费巨，且恐难保。对当时河道的治理，则认为："桃、清遥堤议筑，则黄水自有容受。崔镇等决议塞，则正河自日深广。高家堰议筑，则淮水自能会黄。清江浦等闸议严启闭，新城北堤议行接筑，则淮安、高、宝、兴、盐等处自无水患。此河虽不必复可也。"①就是说，兴建这些工程，便可以利漕运，无水患，故道可不必复；也就是说，不必使黄淮分流。

万历十六年（公元一五八八年），王士性请开复黄河故道，以图永利。不过他说的故道上口虽与吴桂芳同，都在泗阳三义镇，惟下游仍与淮合流入海②。万历二十年（公元一五九二年），张贞观议应杀黄于未合之先，说："分黄于淮之上流，先杀其势也。上流必于清口[102]上十里，去口不远，不致为运道梗。即少梗而力易图也（按：这时清河[7]以北仍借黄河为运道）。分子上复合于下，冲海之力专也。合必于草湾[141]之下，恐其复冲正河，为淮城患也。"③张贞观的主张是分于上而复合于下。

万历二十三年（公元一五九五年），工部侍郎沈思孝建议黄河由三义镇[123]故道分流入海，说道："臣倾道出淮口，询诸父老，皆谓黄高势猛，淮弱倒灌。抑此患者，惟有复老黄河于上，以夺其势，辟清口[102]沙于下，以通其流。因询所谓老黄河，则自桃源[6]三义镇起，至叶家冲，仅八千余丈，河形尚存，工费似易。一意开浚，河势必分为二：一从故道抵颜家河入海，一从清口会淮。患必可弭矣。"④

同年，总理河道、工部尚书杨一魁上疏，说："清口宜浚，黄河故道宜复，高堰[67]不必修，石堤不必砌，减水坝不必用。"⑤这时分黄导淮的议论甚多，难有定案。

---

① 潘季驯《河防一览》卷七《两河经略疏》。
② 《明神宗实录》，见《行水金鉴》卷三十二。
③ 《明神宗实录》，见《行水金鉴》卷三十四。
④ 《明神宗实录》，见《行水金鉴》卷三十六。
⑤ 《明神宗实录》，见《行水金鉴》卷三十七。

次年，詹在泮等开桃源[6]黄坝[124]新河，自黄家嘴起，至五港灌口止，分泄黄水入海，以抑黄强。导淮辟清口[102]沙七里，建武家墩泾河闸，泄淮水，由永济河达泾河，下射阳湖入海。又建高良涧减水石闸，子婴沟、周家桥减水石闸，以泄淮水①。万历二十四年（公元一五九六年）九月，河工告成，认为"通漕、护陵、分黄、导淮"有功，对于所有参预官员，分别陛录廕叙②。这是分黄导淮的一次实践。张兆元对于这一工程也表扬一番，说："河之为患，自古记之矣，然未有害及陵寝如今日者。当事者乃开黄坝以分黄，辟清口以纵淮，而又开周家桥、武墩、高涧以消盱眙积水，又浚五港灌口以广下流。所谓治本治标之策，可谓曲中肯窾矣。"③

在主张分黄导淮的意见中，对于怎样分，怎样导，哪先哪后，有分歧。但主张分黄导淮的目的，则在于"避时下泛涨之水，纾祖陵眉睫之急"。而反对者的意见，则如蒋春芳所说："分黄之工遂成，则淮黄不交，有伤王气。"④

主张分黄的人，对于淮黄不交，有伤王气这一点，不能不有所顾虑。所以又进而考据，淮黄是什么时候在淮阴相交的。张企程根据不完全的记载，说明在正德以前（公元一五〇六年以前）黄淮不会于清口。接着又解释"会合"之说，说："夫前之分流既无所妨，则今之分黄亦何必尽泥？况皇家大风水，非士庶家丘壑可比。黄不东南而东北，总为环绕，同入东海，即为会合，岂在区区一清口哉。清口交会乃近年事，壅塞者创为水会天心之说，以耸人听也。"⑤可见当时治河者所思考的是何等问题。在封建社会里，黄淮交会与否，是一个所谓关系明王朝命运的问题。本节之初所引万恭的意见，怕因建议而获罪，即由于此。

到了清代就没有所谓祖陵风水的问题了。这时徐州到清河间的运

---

① 《南河全考》，见《行水金鉴》卷三十七。

② 《明神宗实录》，见《行水金鉴》卷三十八。

③ 张兆元《分黄导淮议》，见《行水金鉴》卷三十七。

④ 《明神宗实录》，见《行水金鉴》卷三十八。

⑤ 《题复河工奏议》，见《行水金鉴》卷三十九。

道,由于人工的改造已脱离黄河。于是,南北漕运最关键的地区,就转移到黄、淮、运交会的清口一带。关于这个问题,将于第十二章论述。治理之法,主要在于利用洪泽湖蓄淮河清水。清水一部分用以接济苏北运河,一部分用以刷黄。但淮水有时不足,还得借黄水以济运。借黄有倒灌清口、淤垫湖底之弊。但为通漕,只得饮鸩止渴。清初靳辅曾利用黄河南岸各减水坝泄出之水,在沿途各湖沉淀之后,使清水注入洪泽湖以助淮①。解决上述矛盾的另一个办法,则是黄淮分流。

清龚元玠建议使黄河由宿迁、清河[7]北境改道,由石护湖入海,说道:"盖尝熟筹而谛思之,安东[9]、海州、沭阳之境,有南北二股河焉。即昔之石护湖也。西距沭阳,东逼东海,约三万四千五百余顷。岂黄河东归之正道乎!诚由宿迁清河北境,导河入湖,由湖东盐河左,疏各支河以播于海。上溯九河八河之遗法(按:指禹和王景的治法),是所谓疏也。由是岁浚之以为常。又由下游而上游,辟徐、豫之河身,令十里至八、九里不等。广其旁,使水涨有所容。深其中,使水落而流仍急,不至停沙。河其永定而无决溢之患乎!"②

龚元玠论黄淮会合有五害,并且说:"夫治病必于受病之源,御寇必于所经之地。今清口[102]河、淮所经,固病源也。河、淮不分,洪泽渐淤,河将趋江。虽神禹处此,不知将何以苏民生之困,解圣主之忧也。"并拟议黄河改道后的运河,说:"于宿迁西南,九龙庙东,河身转北之处,大建石闸。宿迁迤东,引清淮由原河济运。漕至开闸,由黄河一、二里许,仍入皂河[125]。"③皂河在宿迁境,这时曾作为运河的一段。

清嘉庆年间,有自王家营[126]黄河改道之议。王家营在黄河北岸,约在中运河[111]口东北十里,本有减坝。嘉庆十一年(公元一八〇六年)六月,戴均元、铁保、徐端上书说:"查全黄正河,自王家营起,由云梯关[117]直至海口,计四百九十八里。自王家营减坝起,由六塘河,出开山海口,计三百七十里。比较正河近百余里。六塘河地势本低,是以减坝口门

① 靳辅《治河汇览》卷三《黄淮交济》。

② 龚元玠《黄淮安澜编·治河论下》。

③ 龚元玠《黄淮安澜编·治淮论》。

掣溜甚急……如果形势已成,竟可更定海口,即是全河一大转机。”七月,减坝已走水八成。仁宗一时高兴,特写《黄河改道记》以志其盛,说道:“黄河改道入海,非人力也,天也。”“霜降后竟可定改道入海之举矣。”但至十月,下游尚属湖光一片,涸滩甚少,难以施工。改道之说已觉难行。十一月又写《治旧河记》为不能实行改道之言作圆场①。

黄河夺淮以后,初尚分流,或南或北,淤淀散漫于各地。待至堤防修整,黄河之水全由徐、邳南下,泥沙也顺河带至清口。也就是说,黄流所经以及黄、淮、运交会地区的淤淀较之往日更为严重。明末,对于祖陵和漕运的威胁日甚,黄淮分流之说渐盛,但无甚建树。清初则欲利清刷黄以济运,效亦不显。然由于摆脱了明代风水之忌,对于分黄的观点亦稍开展,且进而议论黄河改道,将于第七章论述。

① 《南河成案续编》,见《行水金鉴》卷三十四。

第六章　堤防体制

明初分流之说盛行，但恐北决害运，所以北岸的防守较严。迨弘治年间，北岸加修长堤，遂有北堤南分之说。其后，河道淤积严重，支河逐渐阻塞，正河亦渐北徙，潘季驯等乃力倡固堤安澜、筑堤束水、以水攻沙之议。堤防遂成为治河的主流。清遵明制，并对修守制度有所发展。如能严事防守，勤于修缮，亦可减轻灾害，得一时的安宁。但对此起码的要求也难以满足，依然溃决频繁，灾情严重。只是河道比较稳定，迁徙现象大减。

筑堤应有一定的标准规格。此外，为了防御冲塌，必有守险措施；为了防御漫溢，常有减水设备；为了维持堤身完整，必须随时检查修补；为了抵抗汛涨袭击，必须实施紧急抢护。凡此种种，都是为了保证堤防安全。明清对于堤防体制虽稍奠基础，但在执行上则远有不足。而在封建社会后期，又根本不关心民瘼，也不可能对堤防进行认真的修守。

第一节　堤防的作用

潘季驯是主张堤防最力的人，他的许多议论在第五章里已有所引述。基本观点是："治河之法别无奇谋秘计，全在束水归槽。""束水之法亦无奇谋秘计，惟在坚筑堤防。""故堤固则水不泛滥，而自然归槽。归槽则水不上溢，而自然下刷。沙之所以涤，渠之所以深，河之所以导而入海，皆相因而至矣。"①又说："河水盛涨之时，无堤则必傍溢，傍溢则必泛滥而不循轨。故堤之者欲其不溢而循轨以入于海，正所以导之也。"②

---

① 潘季驯《河防一览》卷十《申明修守事宜疏》。

② 潘季驯《河防一览》卷二《河议辩惑》。

佘毅中与潘同时，认为河决非堤之过。他说："顾频年以来，无日不以缮堤为事，亦无日不以决堤为患。何哉？卑薄而不能支，迫近而不能容，杂以浮沙而不能久，堤之制卷备耳！是以河决崔镇[118]等口，而水多北溃，为无堤也。淮决高家堰[67]、黄浦等口，而水多东溃，堤弗固也。乃议者不咎制之未备，而咎筑堤为下策，岂得为通论哉！"①

与潘、佘同时的万恭也说："故欲河之不暴，莫若令河专而深，欲河之专而深，莫若束水急而骤。束水急而骤，使由地中，舍堤无别策矣。"②朱衡也说："国家治河，不过浚浅筑堤二策。"③

清初靳辅说："堤防者治河之要务。自西汉以迨元、明，治河之臣未有不用堤防而能导使河行者。近代潘季驯最为治河能臣，而其终身所守，惟是筑堤以束水，束水以刷沙二语耳。"④

陈潢是靳辅的治河"参谋"，说道："合流为常策，而分势为偶事也……盖堤成则水合，水合则流迅，流迅则势猛，势猛则新沙不停，旧沙尽刷，而河底愈深。于是水行堤内，而得遂其就下之性，方克安流耳。所以治河者必以堤防为先务也。"⑤

靳辅又说："贾鲁治河有疏、有浚、有塞。潘季驯曰：治河惟有筑堤束水，以水刷沙，此外别无奇谋善策。此亦专为治黄河言耳。若清水淤泥礓砂之地，冲之不开，刷之不深，安能舍疏浚而专言塞乎？然疏浚之功十之二三，堤之功则得十之八九矣。故堤为要焉。"⑥

万恭曾接修曹、单北岸缕堤[177]，自曹县而东至徐州地界，成长二百余里的缕堤，保护以北的泰黄堤[47]。又修徐、邳顺水堤。

明申时行于万历十五年，论修堤的成效，说："先年河尝北决张秋[40]，决金龙口[39]等处，皆命大臣往治，夫役钱粮动以数十万计，然后成功。嘉靖以来，河之冲决多在徐、邳以南。自朱衡开南阳新河[53]，潘季

---

① 佘毅中《两河情形详文》，见张希良《河防志》卷十。

②、③ 《明神宗实录》，见《行水金鉴》卷二十七。

④ 靳辅《治河方略》卷二《又论贾让治河策》。

⑤ 张霭生《河防述言·堤防第六》。

⑥ 靳辅《治河方略》卷三《堤工》。

驯塞崔镇、筑高堰以后，河道安流，粮运无阻。故近年以来，惟见下流之通而不虞上流之害。河南一带地方修防疏懈，堤岸卑薄者间亦有之。”①但在这一年又有多处决口，如祥符[5]刘兽医口，兰阳铜瓦厢，长垣大社集、毛家口。封丘、原武亦均有决口。

潘季驯特别强调防河的重要性，说：“窃淮防河如防虏，自古记之矣。防虏则曰边防，防堤则曰河防。边防者防虏之内入也。堤防者防水之外出也。欲水之无出，而不戒于堤，是犹欲虏之无入，而忘备于边者矣……舍堤之外别无所以防河者矣。臣于万历六年（公元一五七八年）奉命治河，即请筑遥堤以防其溃，筑缕堤以束其流。八、九年间，河流顺轨，故道晏然，业有成效矣。”②

关于筑堤的论据，在第五章第二节中已有论述，不再多举。

筑堤能加大河槽，容泄洪水，防止泛滥，故为各河防洪所采用的一般措施。然由于黄河含泥沙量特大，河槽易淤，流行不久，便成为地上河。而论筑堤者又常强调堤有束水攻沙导流的功能，因此又引起不同意见的争论，亦如第五章所述。如不能减少泥沙的来量，或对来沙加以适当的处理，则河床必日淤高，坡降必日变缓。因之减少河槽容泄洪水的能力，亦即降低防洪的作用。惟减少泥沙来量和适当处理来沙，则又超出了堤防本身所能起的作用，所以不能把筑堤视为治理黄河的惟一办法，这是很明显的。

第二节　堤防的制度

堤因所筑的位置和所起的作用不同，常有不同的名称，以期在各种堤的配合下，达到防御洪水的目的。

潘季驯论四种堤的作用，说：“遥堤约拦水势，取其易守也。而遥堤之内复筑格堤，盖虑决水顺遥而下亦可成河，故欲其遇格即止也（按：“决水”指缕堤决口外溢的水）。缕堤拘束河流，取其冲刷也（按：

---

① 《明神宗实录》，见《行水金鉴》卷三十二。

② 潘季驯《河防一览》卷十二《恭报三省直堤防告成疏》。

指冲刷河槽免于淤垫）。而缕堤之内复筑月堤，盖恐缕堤逼河流，难免冲决，故欲其遇月即止也。”①

清初陈潢论堤的种类，说：“至于近世，堤防之名不一。其去河颇远，筑之以备大涨者，曰遥堤。逼河之游，以束河流者，曰缕堤。地当顶冲，虑缕堤有失，而复作一堤于内以防未然者，曰夹堤（按：指临河又筑一条堤）。夹堤有不能绵亘，规而附于缕堤之内，形若月之半者，曰月堤。若夹堤与缕堤相比而长，恐缕堤被冲则流遂长驱于两堤之间而不可遏，又筑一小堤横阻于中者，曰格堤，又曰横堤。堤防虽多，不出数者。”②

清刘永锡论堤的名称，说：“近世之堤其名不一，有缕堤、遥堤、夹堤、重堤、格堤、横堤、撑堤、月堤、鱼鳞堤、岔堤、斜堤、戗堤之别。要皆因乎其地，非可以私智造作。近水之地，约束其流，则宜缕堤。去水虽远，涨流必及，且地本宽阔，高阜断续可以联络，则宜遥堤。地当顶冲，缕堤一线，其势难恃，则宜夹堤，即名重堤。夹缕两堤既已重护，恐缕堤冲塌水灌两堤之间，长驱莫测，则宜格堤，即名横堤，又名撑堤。地势短促，欲筑夹堤不能绵亘，则宜月堤。层递建筑之月堤又名鱼鳞堤。月堤两头与缕堤相接之处最易冲塌，则宜筑岔堤，又名斜堤，亦格堤之意也。堵筑漫口之后，埽坝一时未能断流，则宜戗堤。”③堤的名称愈演愈繁。

清末刘鹗所倡之斜堤，为于遥堤与缕堤之间向下游斜横筑堤，也就是格堤的一种④。又如，清咸丰五年（公元一八五五年）铜瓦厢[68]决口改道后，有所谓民埝与大堤之称。民埝实类似缕堤，是改道初期居民沿河所修以自卫之堤。大堤类似遥堤。二者就当时的管理制度上也有区别。民埝由民修民守，而大堤则由所谓“官修官守”，所以又称官堤。此外，有的堤以世相沿称，已成为专名，如金堤、泰黄堤之类。

至于两岸堤的距离，也是一个有争论的问题。由于明清河南境内

---

① 潘季驯《河防一览》卷十二《恭报三省直堤防告成疏》。

② 张霭生《治河述言·堤防第六》。

③ 刘永锡《河工蠡测·四要》。

④ 刘鹗《治河续说》。

的堤距颇远，议论不多，问题多在其下段。当时河南省北岸，在太行堤[47]内又修有顺水堤，从武陟起，一般视为北岸大堤，但距河仍远。现在南北两岸大堤的位置大体如旧。两堤相距一般在二十里以上，兰考夹河滩一带，宽达四十里。铜瓦厢改道以前，堤距的议论大都为关于徐州以下的河道；而在改道以后，则多为关于运河以东的河道。这二者都是较窄的河道。

潘季驯对于徐州以下的河道，虽然主张遥堤宜远，但并不远。他说：筑堤"又必绎贾让不与水争地之旨，仿河南远堤之制"①。认为，遥堤应按宋伯雨"宽立堤防，约拦水势，使不至大段漫流"之旨②。但是，他所筑的遥堤距河并不远。他说："遥堤离河较远，或一里余，或二、三里。"③又说："凡黄河堤必远筑，大约离岸三、二里，庶容蓄宽广可免决啮。切勿逼水以致易决。"④

潘季驯既然主张遥堤必远筑，而实际上为什么并不远呢？大概有两个原因：一是，明早期徐州以上在河南境内多支河分流，徐、邳以下来水量较少。这一带旧堤大都是当时所说的缕堤，逼近河身。后退一里至三里筑遥堤，就认为是远了。二是，徐州在地形上为一卡口，限制了下泄的水量，所以徐、邳以下不必有如上游的宽河槽。但因此就造成了上宽下窄的畸形河道。

徐州的卡口河宽只六十八丈。清初靳辅说："迨至徐州，而北岸系山咀，南岸系州城，中央河道仅宽六十八丈。将千支万派浩浩无涯之水，紧紧束住，不能畅流。河流既难于下达，则自难免上壅。是以明朝二百余年之间，徐城屡屡溃冲，而徐州迤上，南岸之漫决迄于今岁岁见告也。"⑤徐州的卡口也可能是造成明朝南岸分流的一个客观原因。也是一个巧合，现在的河道，在穿运以后，在东阿鱼山也有一个卡口，形成了以下的窄河道。

---

①、② 潘季驯《河防一览》卷七《两河经略疏》。

③ 潘季驯《河防一览》卷二《河议辩惑》。

④ 潘季驯《河防一览》卷四《修守事宜》。

⑤ 《靳文襄公奏疏》卷五《善后事宜疏》。

清陈法也说："至徐两山夹峙，徐州城河仅宽六十余丈。又百余里，至睢宁之鲤鱼山，南岸即峰山、龙虎山，河宽百丈，河底皆砂石，河流为之关束。"①

清范玉琨述说徐州至清河间河道的情况如下：徐州铜沛、睢南、邳北三厅（指河道分段管理的机关名称），两堤相距尚有二、三里，至七、八里。至宿迁之南北两厅，两堤相距只三里，甚至洋河镇至河北镇，两堤相距不足二里。至桃源[6]以下又复宽广。至南外厅之顺黄坝距北外厅之仲工以下，堤间止一百六十六丈，且不足一里②。徐州以下的河槽与其上的不相适应，至为明显。

铜瓦厢决口改道后，兰阳以上仍为宽河段。由此而下至山东境穿运处，从宽变窄，作漏斗状，为过渡段。穿运而东则为窄河段。清末叶锡麒叙述运河以东河道情况，说："河自豫来，宽数十里至十余里，猝乘以里许之大清河[4]。譬犹倾盆之水接以一杯。冬令水涸，河身底水已高于地数尺。一遇盛涨，汹涌万状，其为隘不能容，彰彰明矣。今欲俯首贴耳驯服于数百里一线羊肠之道。于是始与水争地，继与水争高，争而不胜必溃。一溃而势如破竹，大堤当之迎刃而解。以破竹之埝（指民埝），溃卑薄之堤（指埝外的大堤），不可以咎大堤也。"③因之，建议加高培厚大堤，培厚民埝而不加高，修护庄埝。并且说："南岸专守大堤，北岸兼顾民埝，为展开一面之计。"④

关于山东省运东河道堤距的宽窄，民埝的或修或废，争论是很多的。清末李秉衡说："豫省河堤两岸相去远或三四十里，近或一二十里。水得随其荡漾之性，故为患较少。东省自黄河夺济[4]，愈下愈狭。民间筑埝自卫，宽者一、二里，隘者不及一里。一遇汛涨，漫决频仍。言者遂多主张筑遥堤、不守民埝之议。然济、武两郡地狭民稠，沿河村镇庐墓不可数计。兼以齐河、济阳、齐东、蒲台、利津等县城皆临河干，一

---

① 陈法《河干问答 · 论河南徙之害》。

② 范玉琨《佐河刍议 · 论对头坝》。

③ 叶锡麒《观河存稿 · 上张中丞治河初议》。

④ 叶锡麒《观河存稿 · 南岸守大堤有七便说》。

闻民埝不守人心惶惧,震骇非常。当时部臣亦以数十万生灵恐归沦没,未敢议准。后虽兴筑大堤,仍将齐河以下民埝改为官守。"①需要指出的是,铜瓦厢决口改道后,东流较顺,其上河南境内河身冲刷颇深,洪水上滩之时较少,所以改道初期这段为患较少,并非全因两堤相去甚远;先此河南决口颇多,即其明证。

清末潘骏文反对于堤内再筑民埝。他说:"夫既筑大堤以防河,则近水处不应复有民埝。乃大堤未成即一律津贴以培民埝。民埝逼水易决,是抬水以射堤,大堤已处于必溃之势。近年更以官工高筑民埝,而大堤愈不可守。于是但堵民埝而不还大堤(指修复大堤),使埝决水仍从大堤缺处穿过,则又何取乎设防?"②

清末刘鹗则主张两岸堤距宜窄不宜宽。他说:"河宜窄不宜宽也。窄乃力在下而攻底,宽乃力在上而攻堤。攻底则河日深,攻堤则河日溢。"又说:"夫水不束则流不紧,流不紧则淤不去。窃查齐河上下,两岸缕堤(即民埝)相去多不过百数十丈。自鹊山(在济南)以下,渐至二三百丈,至五六百丈矣……而当日南河缕堤相距仅三百丈,而河大治。今山东省之河既小于南河,则堤亦当窄于南河而河方可治。乃反阔至五六百丈之多,能无淤乎?济阳以下宽河之处,大概溜水只有二支,或只有一支,不过居全河十分之一而已。其余皆洄溜也。洄溜之病与止水相同。无风则停淤生患,有风则激浪攻堤。"③刘鹗论运河以东的黄河堤距与他人不同,然多片面之见。所谓"河大治"乃浮夸之论;山东之河的水量并不少于南河;所述可能为枯水时情况。

关于运河以西的修堤计划,是在同治十二年(公元一八七三年)李鸿章力主改道以后所筑,即由宽变窄的过渡段。南堤长二百六十余里,称障东堤[150]。现在的南大堤是新中国成立后在原有民埝基础上修建的,于是又常把障东堤称为南金堤。北岸当时没修大堤,即以古金堤为防线;而沿濮阳、濮县、范县、寿张一带有民埝。现在已将这条民埝修为

① 林修竹、徐振声《历代治黄史》卷五。

② 《潘方伯公遗稿》卷四《现议山东治河说》。

③ 刘鹗《治河五说》。

北大堤。对此,第七章第三节将略作说明。

穿运以东的筑堤争论,是在光绪二十五年(公元一八九九年)李鸿章勘视黄河、筹议大治的办法以后才逐渐平息的。李鸿章关于展宽河面、加固堤身的意见中,首先论述山东上游和河南省宽河的优点,以及潘季驯、靳辅的宽河言论,接着说:"查光绪九年,前抚臣陈士杰建筑中下游两岸大堤,南岸自长清达于蒲台,计四百余里,北岸自东阿达于利津,计六百余里。逐细测量,两堤相距有五、六里至八、九里不等。应即此两堤加培高厚,永为修守,似不失为中策。惟查两岸之中,先有弃堤守埝之处,如南岸泺口上下,守埝者一百一十里。内除上段近省(指济南市)六十里为商贾辐辏之区,近来要险稍平,暂缓推展。其下段四十余里要险极多,十余年来已决口九次,耗费不堪。拟将埝外二十余村妥为迁去,弃埝守堤,庶离水较远防守容易。此南岸酌拟迁民废埝办法也。

"至北岸守埝之工,计长清至利津有四百里之长。埝外堤内有数百村之多。此埝逼近湍流,河面太狭,无处不湾,无湾不险,断无久守不败之理。河唇淤高,埝外地如釜底,各村亦断不能久安室家。且埝破堤无不破,欲保此埝外数百村,而并堤外数千村同一被灾,尤觉非计。但自弃堤守埝以来,时阅八载,小民安土重迁,不肯远去,非可旦夕议定。今详加勘度,北岸从长清官庄至齐河六十余里之民埝,因南岸旁山无堤,河面尚宽,拟即以埝为堤。此两段民埝既经改为官堤,埝外之民即堤外之民,自应无庸迁移。其齐河至利津尚有三百二十里之民埝紧逼河干,以致河面太狭,竟有宽不及一里者。要险林立,屡遭冲决,势不得不废埝守堤。但北堤残缺多年,无可退守,且需款过巨,迁民更难,应暂照守旧埝。此北岸分别现在守埝作堤及将来再议废埝守堤办法也。"南岸除废埝四十余里外余均保存。至于北岸三百二十里民埝的处理办法,是"将来再议",以当时公文的一般含义释之,即"不了了之"。堤距且有不到一里的,与所谓"不失中策"的要求相差甚远。由此可见,封建统治阶级的虚应故事、毫不负责的态度,也正是不关心民瘼的具体表现,又怎能言治河呢!

李鸿章又接着论述说:"至南北两岸大堤,为河工第一至大关系。

今既处处卑薄,险工无以资防御,即平工常有钻漏之处。实非照黄河旧式大加培修,不足以固修防而垂久远。现拟一律加培。凡平工以顶宽三丈、险工以顶宽四丈五尺为率,底宽以十一丈至十五丈为率。其改埝为堤之处并照此式修培。遇有应行展宽取直之处,酌量估办。其暂守民埝之处,一并量加修筑,总期足御汛涨。"①

铜瓦厢以下山东境的筑堤方案,大体决定于李鸿章的前后两奏,运河以西定于决口改道后的十八年,运河以东定于决口改道后的四十四年。

据载,河南山东两省境内在铜瓦厢决口改道以前也曾有民埝的修筑。清乾隆二十三年,朝廷下令严禁修筑民埝,要求:"豫、东黄河大堤相隔二三十里,河宽堤远不与水争地。乃民间租种滩地,惟恐水漫被淹,止图一时之利,增筑私堤,以致河身渐逼,一遇汛水长发,易于冲溃,汇注堤根,即成险工。不知堤内之地非堤外之田可比,原应让于水者。地方官因循积习,不知查禁,名曰爱民,所谓因噎而废食者也。着交与河南、山东巡抚严饬地方官,晓以利害严行查禁。"②

关于南道徐州以下、今道东阿以下堤距之争论如上所述,所谓宽的也不足以容泄汛涨。铜瓦厢决口改道以后,初期河患在运河以西。三百余里间并无堤身,流势南北变迁百余里③。迨修堤后,束水下泄,运河以东水患始重。及至铜瓦厢以下堤防渐整,决口又上移至冀、鲁、豫三省交界地区。这时山东下游常有这种想法:反正特大洪水过不了运河就决口,所以下游的窄河槽也足用了。这种没有整体观念的治河思想,当然是不正确的。因之,也就影响防洪事业的推进。

至于堤的体系,已如上述的类别及其作用。但认识上则是有参差的。例如,对于缕堤的作用,各家的解释就不同。即是强调缕堤攻沙作用的潘季驯,有时又认为,缕堤与防洪有碍,似不必要。

明万恭论缕堤说:"河堤之法有二:有截水之堤,有缕水之堤。截

---

① 林修竹、徐振声《历代治黄史》卷五。

② 《纯皇帝圣训》,见《续行水金鉴》卷十四。

③ 《潘方伯公遗稿》卷四《现议山东治河说》。

水者遏黄河之性而乱流阻之者也，治水者忌之。缕水者因河之势而顺流束之者也，治水者便之。”①这里所说缕堤的作用是对截堤而言，是顺水之势而束之，有约束水势之意。而潘季驯则认为，“缕堤拘束河流，取其冲刷”，也就是视为攻沙的工具。

清初靳辅遵循潘季驯的办法，说：“今莫妙于筑缕堤以束水，而以遥堤并加格堤用以防决。使守堤人等尽力防护缕堤，设或大小异涨即有漫冲，亦至遥堤格堤而止，自不至于夺河成决。”②陈潢也说：“黄水泛滥，因遥以汰黄，可无漫溢之虞。黄水归槽，借缕以束黄，可免淤垫之患耳。”③

实际上，潘季驯虽然强调缕堤的束水作用，但也深刻认识到缕堤的弊病，指出：“缕堤即近河滨，束水太急，怒涛湍溜必至伤堤。遥堤离河颇远，或一里余，或二、三里（按：指徐州以下）。伏秋暴涨之时，难保水不至堤。然出岸之水必浅，既远且浅其势必缓，缓则自易保也。或曰：然则缕堤可弃乎？驯曰：缕堤诚不能为有无也。宿迁而下原无缕堤，未尝为遥堤病也。假令尽削缕堤，伏秋黄水出岸，淤留岸高，积之数年水虽涨不能出岸矣。第已成之业不忍言耳。”④这里说，缕堤束水太急且将伤堤。又说，没有缕堤伏秋涨水可以淤岸。不废缕堤，是由于“已成之业不忍言耳”，并不是为了“拘束水流，取其冲刷”。潘季驯在第三次任河官大举修堤之时，即说：“北岸自古城[151]至清河[7]，亦应创遥堤一道，不必再议缕堤徒靡财力。”⑤这次工程主要是加帮遥堤、另筑遥堤和接筑遥堤。潘季驯在第二次任河官时，修筑缕堤也只为了省费，暂顾目前之计。他说：“筑堤之法有二：近者所以束湍悍之流，远者所以待冲决之患，皆为上策。顾工费不赀，动以巨万。当此财殚力疲之会，安所措

---

① 万恭《治水筌蹄》。

② 靳辅《治河方略》卷二《敬陈经理第一疏》。

③ 陈潢《天一遗书》。

④ 潘季驯《河防一览》卷二《河议辩惑》。

⑤ 潘季驯《河防一览》卷七《两河经略疏》。

其手足耶？宜以现筑缕水堤增益高厚，曲加保护，姑为目前之计。”①诚然，如前所述，徐、邳以下的遥堤相距并不宽，实无修缕堤的必要。而缕堤实际上难以防御汛涨，因之也就难以起束水攻沙的作用。

从明清的实际情况看，双重堤制并不能增加安全。这里有技术的原因，也有社会的原因。缕堤一溃，遥堤亦常随之而决。这是因为缕遥之间不经常走水，地势较滩唇为低，缕堤溃水猛冲而下每难抵御。其次，由于遥堤不常临水，獾洞、蚁穴等隐患较多，遇水即易出险。由于遥堤不常临水，埽工难施，坝亦常稀，防御力弱。再则，洪水来临之时，人多争守缕堤这个第一道防线，而疏于遥堤。以此之故，第一防线失守，第二道防线亦多随之而溃。此外，当时缕堤过窄，束水太急，亦不适宜。明清主张修缕堤者，又可能以防止河道淤垫乏术，便强调缕堤的攻沙作用，实际上缕堤负担不了这个任务。或由于照顾临河一带的局部利益，借攻沙之名，行与水争地之实。潘季驯“已成之业，不忍言耳”，李鸿章“安土重迁”等言论，实际上说明了统治阶级内部的矛盾、大局与小局的矛盾。若只迁就既成事实，调和内部冲突，不顾实际，不论是非，必不能得到问题的正确解决。至于潘季驯关于缕堤的言论，似乎有些自相矛盾，但也表明他的认识在实践中不断深化。如果说，双重堤多了一层保障。但如设计不当，管理不善，修守不力，盲目地信任“重门御寇”，必不能起到应有的作用。

潘季驯以前的刘天和也是主张修堤的。他说：堤“不能废，虽不能御异常之水，而寻丈之水非此即泛滥矣。”他对于堤的作用作了估计。就是说，在一般洪水时堤可以保护两岸，不至泛滥，但不能防御异涨之水。接着又提出规划的意见，说：“但不宜近河，而宜远尔……上自河南之原武，下迄曹、单、沛上，河北岸七八百里间，择诸堤去河最远且大者（去河四五十里及二三十里者）及去河稍远者（一二十里及数里者）各一道，内缺者补完，薄者帮厚，低者增高，断绝者连接创筑。务俾七八百里间均有坚厚大堤二重……虽费不恤。自兹苟非异常之水，北岸固

① 《明穆宗实录》，见《行水金鉴》卷二十六。

可保无虞矣。”[①]这里要补充说明,刘天和规划的堤距之所以比潘季驯主张的堤距宽这么多,是因为他们所指河段不同:刘天和指的是徐州以上,潘季驯指的是徐州以下,二段河道的自然形势不一样。

与潘季驯同时的万恭也提出过规划意见,他认为:“黄河四堤,今治水者多重遥直而轻逼曲。不知遥者利于守堤而不利于深河,逼者利于深河而不利于守堤;曲者多费而束河则便,直者省费而束河则不便。故太遥则水漫流而河身必垫,太直则水溢洲而河身必淤。四者之用有权存焉。变而通之在乎人也。”[②]

就当前情况而言,由于多年没有决口,河道淤积更为严重。由于两岸民埝(缕堤)间河槽滩地的淤积,远远高出于大堤(遥地)与民埝间的滩地。形成“两级地上河”的险恶局面。民埝的废除乃成为迫切解决的问题。这是前人议论没有涉及的现象。因附及之,以备参考。

第三节　保堤的减水坝

筑堤只能防御一定的洪水,如刘天和的估计,设遇异常涨水仍不免溃决。因之有减水坝(滚水坝)的修建。减坝是附属于堤的分泄洪水建筑物,又常视为堤工不可缺少的一部,是治河方法的一种发展。

减水坝倡于明潘季驯,盛于清初,停于清末黄河改道以后。减水坝也是一个争论的焦点。争论之起,大概是由于几个具体问题难得解决:一是,黄河左右摆动,坝位失效;河槽淤垫,高低失宜。二是,对于分泄的流量没有准确的计算。三是,分泄对于正河淤垫增减的影响有不同估计。四是,减水的排泄出路没得适当解决,或有淹没问题,或有淤垫问题,纠纷时起。五是,闸坝工程本身的安全有问题。清末停止使用减水坝,并不等于否定减水坝,大约是由于铜瓦厢决口改道后不久,堤身初建,政事日败,议论未定的缘故。

潘季驯议创三坝,说:“黄河水浊固不可分,然伏秋之间,淫涝相

① 刘天和《问水集》卷一《堤防之制》。

② 万恭《治水筌蹄》。

仍,势必暴涨。两岸为堤所固,水不能泄,则奔溃之患有所不免。今查得古城镇[151]下之崔镇口、桃源[6]之陵城、清河[7]之安娘城,土性坚实。合无各建滚水石坝一座,比堤稍卑二、三尺,阔三十余丈。万一水与堤平,任其从坝滚出。则归槽者常盈,而无淤塞之患,出槽者得泄,而无他溃之虞。全河不分而堤自固矣。"①对于减水坝的作用,又说:"防之不可不固,虑之不可不深。异常暴涨之水则任其宣泄,少杀河伯之怒,则堤可保也。决口虚沙,水冲则深,故掣全河之水以夺河。坝面有石,水不能汕,故止减盈溢之水,水落则河身如故也。"②这是潘季驯修建滚水坝的论据,也作了比较合理的安排。

议者以滚水坝不能泄水,欲拆毁。潘季驯说:"初创之时,伏秋水泄,喧声若雷。日久河深,深则可容异常之水,何尝不泄,特不常也。且所谓减水坝者,减其盈溢之水也,不溢则已,何必减?为留之以待异常之水可也。"大约在修坝十年后,常居敬、舒应龙等议河工,说:"崔镇、徐升、季太三坝[118],原为泄水而设,议拆者为其高。而坝外堤岸更高于坝,是存之未得宣泄之利,拆之反滋泛滥之虞也。"③潘与常等虽都主张不拆坝,但根据不同,真象难辨。

潘季驯说"滚水石坝即减水坝也。"④而清初陈潢则加以区分,说道:"减坝与滚坝不同。减坝坝面与地相平,过水多。滚坝坝面比地高,过水少。减坝惟可设于河之南,滚坝兼可设于河之北。盖因南岸自河南起,下至江南[156],内有淮河,更肖、砀两邑而东又多湖荡,均仍归淮河,下抵清口[102]。其从来淮弱黄强,黄涨之时,淮不能敌黄,则清河倒灌,每能阻运。今以所减上游之水,仍济下游敌黄之用,诚为一举数得之工。但建造之计少有不固,则必致下淹民田、上分河溜,为害无穷。"⑤陈潢进一步说明,减坝有加强淮流,于清口敌黄,利运的功能。

---

① 潘季驯《河防一览》卷七《两河经略疏》。

② 潘季驯《河防一览》卷二《河议辩惑》。

③ 《明神宗实录》,见《行水金鉴》卷三十二。

④ 潘季驯《河防一览》卷四《守修事宜》。

⑤ 陈潢《天一遗书》。

陈潢还阐述减坝与保堤的关系，说："当其无事，人有议减坝为虚设者。及减水时，人又有议减坝为万民者。此皆不知全河之事宜，而好为局外之论者也……要之，设减坝则遥堤可保无虞，保遥堤则全河可冀永定。减坝与堤防实又相为维持者也。"①

靳辅修建减水闸坝颇多。在添建徐州以上深底石闸时，论及减水的功能说："遇平常之水则闭闸束流。遇非常异涨则启闸分泄。每闸一座约可泄水一百方（按：每方约合三点三立方米），可杀徐城大河水一尺。徐城以上统计添闸六座，共可杀大河水势六尺。"②

靳辅建议在砀、肖、徐三州县建减水坝五座，其中南岸二座，北岸三座；宿迁北岸三座；桃源北岸二座；清河北岸三座；共十三座，并分别安排出路。桃源旧有减水坝四座，每座只宽一丈七尺。而建议增筑的减水坝，每座东西宽十二丈，南北长十八丈六尺。中立矶心六座，每坝八（应为七）洞，每洞各宽一丈八尺。减水坝下游量挑引河，引水归各湖，以免漫淹田地③。其后又建议在峰山、龙虎山[152]傍开凿天然减水深底石闸四座；五堡附近添建深底石闸一座，减水大石坝一座；除拦马湖[153]先后建减水坝六座外，再添建深底石闸一座，双金门大石闸一座④。

在靳辅议建减坝时，张鸿烈议应在减坝下游挑浚支河，使有所容纳，有所宣泄。靳辅议复，说："治之法不在挑河而在筑堤。若止议挑而不高筑坚堤，则水至无束，散漫田间，不特仍前淹地，而所挑之河不久淤成平地。是徒劳民伤财，而无济于民生国计也。惟竟以筑堤为主，量筑堤需土之多寡以定挑河挖土之宽深，俾堤成而河亦成。"⑤

陈潢论减坝分流、正河不至淤垫。他说："从来河势变迁，必由于积沙之弊。弊之由必始于水分而溜缓。故治河之要，宜合不宜分，宜急不宜缓。若减坝专主分泄，似与河工有损无益，可以无庸建设。殊不

① 张霭生《河防述言·堤防第六》。
② 《靳文襄公奏疏》卷五《善后事宜疏》。
③ 《靳文襄公奏疏》卷二《再陈一疏·未尽事宜疏》。
④ 《靳文襄公奏疏》卷五《善后事宜疏》。
⑤ 《行水金鉴》卷五十。

知，河之深广确有定数，水之大小莫可预期。如河面宽五百丈，究其行溜之处，至阔不过六七十丈，至深不过三、四丈。其余漫水，尽系浅滩。可见，此五百丈内之水已足供冲沙刷底之用。若当伏秋大涨，必欲蓄汛水于两岸大堤之内，无论冲击淹漫抢护不暇，恐滋贻误。即河出槽之后，纵使两岸各有大堤，然南北相去至少必数十里。水一出槽，势必由宽就下，四散分流，徒增水面宽阔，缓弱正泓，绝与大河毫不相涉。是减坝之设，非惟为保固大堤，正欲分泄有余，合其力以送河也。”①对此亦有不同意见。如范玉琨说：“非下游盛涨难容，不得借口启放。”原因是：“上有分流，下必停缓。”“不能以现在淤高之河身，循往时盛涨之定制。且高下之势较多，则掣泄必致分溜。闸坝既处处掣消，长河自年年淤垫。”②

清嘉庆十九年，黎世序以江苏境内闸坝形势变迁，河底渐高，旧日闸坝多不可用，遂致废弃，建议在徐州修减水坝③。次年，百龄、黎世序建议，将十八里屯两闸中间铲平，山顶留口门三十余丈，作为天然滚水坝，以虎山腰作为重门擎托。并于引河两岸加培堤堰④。

清代有很多人主张多建闸坝，如乾隆时凌鸣喈建议旧闸坝应加以调整，并进行扩建。但认为，北岸阳武以下直至清河[7]的新中河口均不可分。而南岸可多开分泄之路以免骤壅⑤。在铜瓦厢[68]改道以后，刘鹗建议分南北二渠，以分泄汛涨，并于渠首建石闸⑥。游百川建议建筑滚水坝分减黄流：一从历城杜家沟引入徒骇河；一从长清五龙潭入马颊河。但均未实行。张曜于齐河以上之赵庄建分水闸，计划分流入徒骇河，也从未开放⑦。叶锡麒建议，由白龙湾上三里许之南北王家，距徒骇河约五里，建减水石闸六座，分黄水十分之二。又建议由长清之乌龙

① 陈潢《天一遗书》。

② 范玉琨《安东改道议》卷二《湖河敝坏已极设法疏治》。

③ 《黎襄勤公奏疏·札道将府厅州县合议徐州减水坝事宜》。

④ 《南河成案续编》，见《续行水金鉴》卷四十一。

⑤ 凌鸣喈《疏河心镜》。

⑥ 刘鹗《治河五说》。

⑦ 林修竹、徐振声《历代治黄史》卷五。

潭,顺赵牛河,开通至马颊河减水①。

但也有认为河南省不宜筑减水坝的。如清代阿桂,以河南省土质疏松不宜建坝,而下游出路亦不畅②。刘永锡也有相似意见。他说:“黄河堤上建减水、滚水石坝分杀暴涨之善法也。江南[156]土性坚实可以建筑坝基,不虑冲塌。若于豫、东两省黄河两岸土松,建坝非特基不能坚,恐掣溜引河反致夺河之患。是宜于南而不宜于北也。”③

也有反对修减水坝的。如清乾隆年间,陈世琯说:“查此二十余州县(按:指江苏安徽沿河地区)之年年被水者,由黄河南北两岸创建减水闸坝,分泄河流,致水缓沙停,河底日高,河身益饱,不能容纳。伏秋汛至,南岸減(低)下,则砀山、怀远、宿州、灵璧、虹县[154]、五河、睢宁等州县田亩被淹,而均未有已也。”接着论述水不宜分的道理。最后说:“伏查康熙二十三年,圣祖仁皇帝巡历黄河,谆谕靳辅云:减水各坝泄出之水,作何善法归海,方免淹浸民田之患也。”④陈世琯是反对分泄的,认为如要分泄,则应设法归海,免淹民田。

同时的陈法也反对靳辅所修的减水坝,以其为害坝下民田。他说:“减水坝以为减泄异涨之水。夫此减下之水将安归乎?非泛滥在东南田亩之间耶?即一减水坝为一引河,亦不过而即淤耳。靳文襄公多开减水坝,人或攻之,则欲费百五十万为堤以夹引河,而征其费于民田。夫即能保其引河之水之不旁溢,不能使其不淤垫也。即能使民田不受引河之害,而洪湖之泛滥,不能免其害于西南。沂、沭之涨流,黄河之偶决,不能免其害于东北。是非引河之堤所能御也,堤遂足为利乎?且费数百万之帑金以治河,而又有无穷之费以治各处之引河。是以必不可行之事,难当宁也⑤。且河势变迁,则坝亦徒费。”⑥

---

① 叶锡麒《观河存稿》。

② 阿桂《豫境河道难建减水坝疏》,见砚北主人《河防要览》。

③ 刘永锡《河工蠡测》。

④ 《皇清奏议》,见《续行水金鉴》卷十三。

⑤ “宁”与“贮”同音,指当时帝王。

⑥ 陈法《河干问答》。

包世臣述减水坝的效用日弱，说："潘氏所创之坝日形卑矮，不能不封土。遇急，去土以减水。减水既多则河仍歧出。其堵合也，常在冬令力薄之时，不能刷去前淤。淤日高则河日仰、溜日缓。故近日虽墨守潘氏之法，仅足以言防，稍弛则防之而不能矣。"筑坝后议者谓坝高，不能泄水。包世臣谓坝矮。说明河槽二百余年间垫高情况。这里提出一个问题，随着河槽的垫高，堤顶亦必随之加高，滚水坝亦应随之改建或加高。包世臣建议，应设坝以激溜，使河槽减淤。"故能言治者，必导溜而激之。激溜在设坝。是之谓以坝治溜，以溜治槽。"①

范玉琨认为闸坝分流，长年使河身淤垫，本节前已引述。铜瓦厢决口改道后，潘骏文初议"无可建坝之地"，后则认为，建闸"可以治水，而非所以治黄河"②由此可见，当时已认识到"治黄河"与治他河不同，治黄河必须治泥沙。

到了清初，减水坝又增加了一项任务，就是分泄的水于澄清后，转由洪泽湖出清口以敌黄。这样，问题就比较复杂了，而且引起泄水淹没农田的纠纷。所以清代的议论很多。今以砀山南岸的毛城铺减水坝为例。

毛城铺减水坝为康熙十七年（公元一六七八年）靳辅倡议所建，用以保护徐州一带堤工。所减之水由洪沟河至睢溪口，历杨疃、土山、孟山、陵子、霍家等五湖澄清而至洪泽湖，汇出清口以助清刷黄。迨后，黄流冲刷多成支河。减水过盛，下游永城、肖县一带屡被灾害。高斌请将坝外（指坝的临河一方）迎溜支河七道堵塞，挽流归正。复于口门内填筑碎石以防冲深；坝外圈筑土坝依时启闭，使黄河不致减泄过多。疏通下游淤浅以达五湖，由安河入洪泽湖。又将安河上游分流之谢家沟河挑通，下达汴河[155]亦归洪湖。纡徐曲折六百里的泄路又畅。乾隆十一年（公元一七四六年）规定，徐城水志长至七尺始启毛城铺口门，至九月朔即为堵闭③。

---

① 包世臣《中衢一勺》卷二《说坝一》。

② 《潘方伯公遗稿》卷二《议黄河》，又卷四《现议山东治河说》。

③ 《南河成案》，见《续行水金鉴》卷十二。

嘉庆十六年(公元一八一一年)百龄、陈凤翔议毛城铺减坝,说:“徐州上游之毛城铺石滚坝向宽五十丈,减黄助清最为得力。前(指嘉庆十三年)经钦差长麟、戴衢亨往勘,恐开放时夺溜奏明停办。惟查该坝建设百余年矣,每至汛涨即行启放。由引河循序渐进并无漫溢之事。迨至王平庄、邵家坝、唐家湾系因民埝塌开,大溜涌入,致将毛城铺东之陈梁马路大堤溃塌,遂成漫决。并非石坝冲损成事。似不得归咎于毛城铺滚坝。”因之建议恢复使用①。

毛城铺减坝口门亦多所改变。百龄等称宽五十丈。乾隆年间,凌鸣喈说:“南岸毛城铺口门由百二十丈今缩为三十丈,应展宽口门,或百余丈,或百丈,做成滚水石坝。”②

毛城铺减水坝大概在嘉庆十三年以后就停用了。嘉庆二十一年,徐州新建坝工纪事碑文写道:所建毛城铺、王家山、十八里屯、大谷山诸闸坝及峰山四闸,行之既久,坝前(指坝的背河一方)冲刷日深而址基易蛰。坝后则迅流阻遏而淤垫堪虞,乃事理之必然者。往时河涨恃毛城铺闸诸处宣泄。其后多不可用,则专以毛城铺为关键。又其后坝亦日损不堪启放。因议修复十八里屯之减水二闸。然以减水无多不足专恃。议于十八里屯西南,铲平两山间二十余丈,作为滚坝,而以虎山腰作为重门擎托③。从这里也可见靳辅时所建各闸坝的归宿。

明初黄河常为多股分流,演而为北堤南分,渐而为筑堤束水,并设减水坝作有控制的分流。清代河道较为统一,少有分支,而盛设减水坝。所分水流虽较支河为少,但亦常为患下游。不过,从这一时期的演变来看,减水坝的设施还是一个进步。虽其法尚非完善,但在黄河规律尚未全面掌握的时候,减水坝尚不失为一项重要措施。

---

① 《南河成案续编》,见《续行水金鉴》卷四十。

② 凌鸣喈《疏河心镜》。

③ 《南河成案续编》,见《续行水金鉴》卷四十二。

第四节　守险的措施

水流冲刷堤根，日久坍塌，或遇急溜顶冲倏忽崩塌，均能造成决口。在这种危险堤段，经常修建保护工程，称为“险工”。也有原无工程，因一时流势变化直射堤身，必须紧急修建工程抢救，也称险工，或称新工。所以险工就成为防堤的关键地段。因之，对于“守险”便有较强的概念。

但是，为了改变险工形势，或防止新工的发生，也常采取间接的防御措施，或称之为调整河槽的措施。例如，修建工程以使溜势远离险工地段，导使水流趋于中泓，或用以保卫堤的前缘阵地——河滩，等等，这是一种比较主动的防护方式。不过，这种改变流势的主动措施，大都围绕着守险需要而进行。只为调整河槽效益的一部分。因之，本节只主要论述直接守险的措施，而将有关调整河槽的资料另列专章论述。

清初靳辅论守险之法有三：一曰埽，二曰逼水坝，三曰引河。三者之用各有其宜。又说：“诸如此者，殆如御敌然。埽之用是固其城垣者也。坝之用捍之于郊外者也。引河之用援师至近营而延敌者也。夫吾既修其内备，而外又或捍之或延之，敌虽强未有不迁怒而改图者。防险之法尽矣。”①

清刘成忠论防险之法有四：一曰埽，二曰坝，三曰引河，四曰重堤。所谓重堤即遥缕二堤，或两层堤。并说：“四者之中重堤最费而效最大。引河之效亚于重堤，然有不能成之时，又有甫成旋废之患，故古人慎言之。坝之费比重堤、引河为省而其用则广，以之挑溜则与引河同，以之护岸则与重堤同，一事而二美具焉者也。埽能御变于仓卒而费又省，故防险以埽为首。然不能经久，又有引溜生工之大害。就一时言则费似省，合数岁言则费极奢矣。”②刘成忠也把防险四法取譬兵家守城的措施。

---

① 靳辅《治河方略》卷一《防守险工》。

② 刘成忠《河防刍议》。

本节将主要论述保护堤岸的埽工、砖、石工和栽柳护堤之法。至于护滩、挑坝、引河等工,虽有防制大堤生险的作用,但非直接堤身之工。它们和堤对于治河有着相辅相成的功能,但为不同的治河措施,将于第十章述之。此外,埽工除作为保护堤岸的一种措施以外,还可以为修建挑坝和堵塞决口之用。护岸之埽为沿堤镶修;挑坝为由堤伸出,逐步修达一定长度而止;堵口则为自口门双方堤根前进,及渐接近,乃下龙门埽堵合。所以埽工的用途甚广。

埽工是我国较早的防险措施之一,镶修方法和所用料物,前后亦有不同。现略述埽的名称、用料、修法及其作用。

清范玉琨说:"黄河埽工之始,见于《史记》汉武帝之塞瓠子。然止卷厢大埽,其法备载《回澜纪要》。自清乾隆年间,变而为兜缆软厢。神而明之,进乎技矣。卷埽迟而多费且险。古之创为埽工专为塞决,今之善用埽工兼须收其淘刷之功。"①

清刘永锡说:"水势汇崖,危堤难保,须下埽以御之。埽名有:等埽、乾埽、护崖埽、顺埽、鱼鳞埽、边埽、雁翅埽、丁头埽、沉水埽、套埽、面埽、肚埽、神仙埽、兜缆埽;札枕加镶、丁镶、顺镶、软镶、硬镶等类。并挑水坝、顺水坝、逼水坝、鸡咀坝、铁心坝、月坝、盘水坝、裹头坝,皆埽工也。"②

明常居敬说:"卷埽之料全资于梢、草、桩、麻与土也。"③清靳辅说:"当风抵溜,其埽必柳七而草三。何也?柳多则重而入底,然无草则又疏而漏,故必骨以柳而肉以草也。御冰凌之埽必丁头而无横。何也?冰坚锋利,横下埽则小擦而靡、大磕必折也。然埽湾之处则丁头埽又兜溜而易冲,必用顺埽,鱼鳞栉比而下之,然后可以挡溜而固堤。至十分危急,搜根刷底,上提而下坐,埽不能御则急于上流筑逼水坝。"④

明刘天和说:"旧有马头埽之制。盖卷埽出河丈余,稍顺水势。连

---

① 范玉琨《佐治刍言·论埽工》。

② 刘永锡《河工蠡测》。

③ 常居敬《河工大举疏》,见潘季驯《河防一览》卷十四。

④ 靳辅《治河方略》卷一《防守险工》。

出数埽，虽终不能御，然水性极悍，一有所触即折而他注。连触数埽，有坏即补，多因之以全岸者，亦不可废也。”①

清刘成忠说：“滩不可守，坝不及筑，则其计必出于埽。埽者治河之常法，凡南河皆用之，而独不宜于豫省。靳文襄公所称河南土性虚松，下埽难以存立者也。”他对当时的埽工还提了意见，说道：“自用柳改而用秸，而古法于是一变，自横埽尽为直埽，而古法于是又一变。自是以来，愈变愈下，直至今日而埽遂为利少害多之物矣。”又说：“有明一代埽皆用柳……由道光至今竟不知埽有用柳之说矣。”②

埽工是我国古时防险、堵决的一项重要措施，所有坝工也多为埽筑，如刘永锡所论。古书论埽工的较多，现不详举。

清康熙年间曾议修石堤，未行。其后又有两项创造，一是碎石（块石）护埽，一是砖工护堤，但未能长期推行。

康熙四十一年，以永定河南岸修筑石堤甚有裨益，命查看黄河南岸自徐州以下至清口[102]可否修筑。当时河督张鹏翮称：自清口至徐州，南岸长六万六千余丈，约需银一千二百八十万两。北岸除山冈外，长五万四千余丈，约需银一千万两。工巨费繁，告成难以预料。遂搁置不提③。全部改建工费自巨，工程初创效或难料，但何不作小段实验？从以下对碎石护埽、护坡的批评言论，足见当时对新事物的抵触情绪很大，这当然不单纯是个技术问题，尚有其社会原因。

嘉庆二十三年（公元一八一七年），黎世序倡碎石护埽。黎世序见徐州城石工历来用碎石抛护，并于埽外抛砌碎石，甚为得力。遂试在临黄迎溜兜湾埽工间有蛰陷不已之处，用碎石抛护即见平稳。而每段碎石即可盖护下首数段埽工。认为，较之埽经二、三年后，柴质朽腐，即见蛰塌，厢修不已者，实为节省④。二十五年，又建议用碎石修建清口的

---

① 刘天和《问水集》。

② 刘成忠《河防刍议》。

③ 《经世文编》，见岑仲勉《黄河变迁史》第十四节。

④ 《黎襄勤公奏议·黄河工程采用碎石方价疏》。

御黄[148]和東清[171]各坝①。

碎石工遭到很多人反对。理由是,石性沉重,被溜冲掣渐入中流深处。不能随水漂走,易于挂淤,形成阻浅。孙玉庭、黎世序作了辩白,说:埽前往往刷深至四、五丈,并有至六、七丈者。而碎石则铺有二收坦坡,水遇坦坡即不能刷。且碎石坦坡,黄河泥浆灌入,凝结坚实,不至掣入河心。凡有碎石之埽,永无蛰塌之患。又说:以宽阔数百丈之河面,仅于靠崖处所,护此十余丈之石坝,何能壅滞河流?且长河深处不过一、二丈,独至埽前溜势激怒,始淘深四、五丈。碎石止填护埽前深坑,以免游蛰塌陷之患。至河心之水,不及埽前之半,石质沉重,既偎于埽前,断不能舍此之下,而就彼之高。是碎石掣入中流挂淤浅阻,乃必无之事②。孙玉庭在河枯水落之时查勘,也证明碎石掣入中流之说不确。并且说:"其所以放为此论者,一由河工兼用碎石,工程平稳用料减少,贩户不能居奇;一由于游客幕友,见工简务闲,不能帮办谋生。故造作影响之词,远近传播。"③而且,河官也断了贪污之路。

严烺认为碎石工不宜于东河,以河面既宽,溜势趋向无定。只有临时抢厢之埽,并无历久常守之工。而抛砌碎石旷日持久,即如五、七丈长之埽,必得数月方能竣事。是此等忽险之处,欲抆碎石护埽恐道远来不及。欲先期运贮,又不知险工出于何处,势难沿堤堆贮④。

包世臣述清代石工历史,并试为碎石工找理论根据,他说:"碎石坦坡,靳文襄用之于高堰[67]。后,纯庙(指乾隆)饬用之于瓜洲[130]江工。嘉庆初,兰河督(指兰第锡)用之于黄河石林工。徐心如任徐道时,用之于铜、沛。皆有效。然兰只做两段,徐只做四段。其用之黄河通工者自湛溪(指黎世序)为督始。谤语四起,以为碎石淤入河底必为大患。余在扬闻其说,而不敢断其是否。后入都,经过黄河碎石工,而知其有利无害。湛溪因谤语直达于都,乃为书力陈碎石之善。与余相遇于邳

① 《黎襄勤公奏议·御黄東清坝请用碎石疏》。

② 《南河成案续编》,见《再续行水金鉴》卷五十四。

③ 《黎襄勤公奏议》。

④ 《两河奏疏》,见《再续行水金鉴》卷五十六。

州，以书示余。余曰，阁下历陈碎石之功备矣。然其所以好处，则在碎石入水，坦坡而下，其坡唇在水底挑溜，故止险之力加于厢埽耳。”①

刘鹗盛赞碎石坦坡之功，建议在顶冲坐湾之处采用。并设想“十年之后，所有秸料埽坝将鲜若晨星矣。”②

所谓碎石即今日所谓块石。碎石工以谤语告终。其后约十五年而有栗毓美倡议的砖工。

栗毓美于道光十五年，在河南省原阳用砖块堵串沟，次年在阳武用砖块堵支河，皆成功。十六年，又在黄沁厅拦黄埝用砖块接筑坝工，在祥符[5]黑冈迎溜吃重处用砖块抛坝挑溜，都有成效。每方砖块较之碎石所省也多。

御史李莼则以砖坝有五害：束之以坝必至壅遏于上游。迨漫过坝顶，畅流奔注，溃败决裂，难以措手。其害一。设坐湾圈溜，逼注于坝之中段，塌及坝根，抛不胜抛（按：指抛砖），即抛亦不能护，终须厢埽。而提坐靡常，埽段接生无有限量。其害二。且一线单坝，秸、苘、桩、橛无从贮备，抢险亦难。即欲抢办，而砖坝之上不能下橛挂缆。其害三。厢埽宜于底平，一经抛砖，如沉在河底，则万不能平。其害四。砖坝较埽价为贵。其害五。

道光十七年，命敬征查办。奏复说道：“栗毓美所办砖工有师心自用、御史李莼有陈奏不实之处。”又说：“夫防河之法不外以土制水之义。厢埽以料合土，由浅及深，因势利导，取其柔能抵刚。碎石质重体坚，用以防风护埽，取其以刚济柔。砖本土成，介于刚柔之间，原可济料石之不足。当事者果能相度机宜，用之得当，则料石之外多一防守之资，于河工不无裨益。惟料石皆由天产，而造砖必假人工，流弊之多即在于此。”又说：每年用砖量大，土质不一，大小有差，燃料缺乏，加工质量不同。所以“烧砖不如采石之无弊，而用砖不如用石之一劳永逸也。着栗毓美即将已抛砖工酌量压石浇土，以期稳固。所有未抛之砖，并严饬道厅员弁确切报明，存贮河干，以备应用。毋用再行烧造，以符旧制

---

① 包世臣《中衢一勺》卷二《南河杂记中》。

② 刘鹗《治河续说一》。

而杜弊端。”①真是一篇典型的官样文章。砖工也就由这个“糊涂判”而结束了。

古时埽工多用梢、草相杂卷厢，四十年代曾在内蒙古自治区黄河上见过。下游则多为秸、草软厢，如刘成忠、范玉琨所说。一九三〇年前后，下游又创用柳石卷厢的方法护岸。如以柳梢织成箔形，内包碎石用铁丝捆紧如枕，连下数枕，并以铁缆固系于岸，即为一段。段数多寡因河势而定。埽工用以临时抢救塌岸，如料物应手，进占颇快，可应一时之急。堵口进占合龙，如在宜于采用立堵方法之处，埽工亦便。近年水工中所修的草土混合建筑，即为埽工的演变。只是埽轻，易腐易蛰，抵御力弱，是其缺点。在新中国成立的三、五年内，黄河下游护岸即全部改用石工，而旧日埽工几乎难见了。

清末董毓琦建议以修海港码头之法筑黄河堤岸，并建议试用于郑州堵口（光绪十三年决口）工程，如得法，推广全堤。他说：“近时治河积习相沿，惟以芦苇为堤（似应为埽字），杂以沙土。其本根未固，每遇大溜冲决成灾……今福州船政滨海为堤。初建时，排桩垒石，不旋踵为水所坍。乃仿外洋铁坪之法，铁螺成柱，入土丈余，出土丈余，中络铁条，名曰铁水坪，至今十八载如新。每遇轮船试车，如开济、镜清、寰泰三艘，每艘系柱，拉以二千四百马力而柱如故。其铁柱之制，入土者尖有螺纹，旋转而下，入坚如钻，吃土如胶。每柱数节，每节镶螺而上。无论洪溜急注，势如鳌柱擎天。若照旧时芦苇杂泥，昨成而今决，东筑而西坍，费衔石填海之功，终无实济。统积河费，铸金成岸而有余。”并称这个方法为“万年不拔之基，省往日填海之费。”②但郑州堵口及下游筑堤均未采用此法。

关于放淤固岸的意见，将在第十章第二节中论及，不多述。

古人多主张植柳护岸。明刘天和有植柳六法，惟后人则常提出不同的意见。现作简单介绍。

刘天和见河南省堤岸与南方大异，因施植柳六法。六法为：卧柳、

---

① 《栗恭勤公砖坝成案》。

② 董毓琦《治河管见》。

低柳、编柳、深柳、漫柳、高柳。卧柳于春初筑堤时，每用土一层，即于堤内外边厢，各横铺如钱如指柳枝一层，自堤根栽至顶。低柳在已成堤上，春初于堤内外，自根至顶，俱栽柳如指如钱大者。编柳在险要堤段，用柳桩如鸡子大，四尺长，从堤根密栽一层，入土三尺。后将小柳卧栽一层，内二尺、外留二、三寸。继将柳桩用柳条编高五寸，如编篱法。内用土筑实平满。又卧小柳一层。又用柳条编高五寸，篱内用筑实平满。然后退四、五寸，仍密栽柳桩一层，亦栽卧柳，编柳各二次，亦用土筑实平满。如堤高一丈，则依此十层平矣。以上三法皆专为固护堤岸，自堤根栽至堤顶。深柳栽于距堤远处，务深，出土二、三尺。漫柳栽于坡水漫流之处。高柳用高大柳桩成行栽植①。

明潘季驯论以卧柳与长柳护堤，但不栽于堤身，他说："卧柳、长柳须相兼栽植。卧柳须用核桃大者，入地二尺余，出地二、三寸许。柳去堤址约二、三尺。密栽，俾枝叶挡御风浪。长柳距堤五、六尺许，既可捍水且每岁有大枝可供埽料。俱宜于冬春之交津液含蓄之时栽之。仍须时常浇灌。"又建议栽茭苇草子护堤，说道：临水之堤须于堤下密栽芦苇或茭草，计阔丈许。将来衍出愈蕃，即有风不能鼓浪。堤根至面，于春初密种草子，以防雨淋②。

清刘永锡不同意刘天和的办法，认为堤身不应栽柳，说道："但庄襄（按：指刘天和）论卧柳、低柳、编柳，俱自堤根至堤顶编栽。其法似有未尽然者。公之所论，盖指中土遥堤而言。三法止可护堤以防涨溢。如倒岸冲堤之水，恐亦无济……倒岸冲刷自必用埽护御。若堤工悉系柳树，根株枝格，急切碍难砍伐尽去，如何抢救下埽？是柳仅可种于堤根及近堤之地，堤身止可栽草，势难栽柳。"又说："盖堤顶既高而为地甚窄。树根横生直长，俱能攻松土脉，堤反不坚。况树之枝叶最善招风，脱遇风狂雨骤，以无多之地力，受枝木之摇撼，堤之不败者几希矣。故堤顶不特不宜栽柳，即偶然生长树木皆当铲去不可存留。"③有的还

---

① 刘天和《问水集》。

② 潘季驯《河防一览》卷四《修守事宜》。

③ 刘永锡《河工蠡测》。

说，树根常招蚁居，朽根易成隐患，于堤防不利。

堤顶堆土备用，捕捉獾鼠，堵塞洞穴等守堤措施，均有定制①。迨至清末，还逐渐增添现代防险设备。如光绪十四年郑州堵口工程，曾用铁轨小车运土，后又推行于山东②。光绪三十年（公元一九〇四年），山东省全河安设电线通话，用以报汛③。

第五节　岁修与防汛

河防工程建筑以后必须随时修补，严加防守，才能发挥工程的作用。明万恭说："有堤无夫与无堤同，有夫无铺与无夫同。"④潘季驯说："河防在堤，而守堤在人。有堤不守，守堤无人，与无堤同矣。"⑤清嵇曾筠也说："河工要务全在坚筑堤防，尤贵专人修守。有堤而无人则与无堤同。有人而不能使其常川在堤，尽修防之力，则又与无人同。"⑥三说词意相同。这说明，早就认识到堤防修守的重要性，也认识到人对防河起着主导作用。可是在封建社会里，由于统治阶级的剥削和压迫，就不可能充分发挥人的积极性和主动性。而统治阶级内部，由于派别关系，互相争夺，各自为利，惟图升官发财，亦不能尽其职守。

堤由土筑，雨蚀风剥，水汕浪刷，需要年年加培。埽由草镶，沉蛰腐朽，冲刷走失，也要年年加帮。旧例每年冬春进行修补，因有"岁修"的名称。也定出一些制度。潘季驯主张"每岁务将各堤顶加高五寸，雨旁汕刷及卑薄处所，一体帮厚五寸。"⑦

如果发现堤身高厚不足，应即在岁修时加培。靳辅说："宿迁县以

---

① 康基田《河渠纪闻》卷二十。

② 《淮系年表》，见岑仲勉《黄河变迁史》。

③ 林修竹、徐振声《历代治黄史》卷五。

④ 万恭《治水筌蹄》。

⑤ 潘季驯《总理河漕奏疏·河南岁修事宜疏》。

⑥ 嵇曾筠《河防奏议》卷五《设立堡房堡夫》。

⑦ 潘季驯《河防一览》卷十二《恭报三省直堤防告成疏》。

下至清河县[7],两岸遥堤除见高出水迹五尺者不议外,其不及五尺者再行加高,以高出大涨水迹五尺为度。堤外随水势深浅用顺埽一例镶护,以防风浪,以保伏秋,方称万全。”①

在伏秋水涨的时候,更应加强防守,称为“防汛”。潘季驯有四防二守之法②。四防是:昼防、夜防、风防、雨防。二守是:官守、民守。这是当时的一种管理制度,奉为防守法规。现引述四防二守之法如下:

一曰昼防。堤岸每遇黄水大发,急溜扫湾处所未免刷损。若不即行修补,则扫湾之堤愈渐坍塌,必致溃决。宜督守堤人夫,每日卷土牛(按:土牛为备来日使用的土堆)小坝听用。但有刷损者,随刷随补,毋使崩卸。少暇,则督令取土,堆积堤上,若子堤然,以备不时之需。是为昼防。

二曰夜防。守堤人夫,每遇发水之时,修补刷损堤工,尽日无暇,夜则劳倦,未免熟睡。若不设法巡视,恐寅夜无防,未免失事。须置立五更牌面,分发两岸协守官弁、管工委官,照更挨发,各铺传递。如天字铺发一更牌,至二更时,前牌未到日字铺,即差人挨查,系何铺稽延,即时拿究,余铺仿此。堤岸不断人行,庶可无误巡守。是为夜防。

三曰风防。水发之时,多有大风猛浪,堤岸难免撞损。若不防之于微,久则坍薄、溃决矣。须督堤夫捆札龙尾小埽,摆列堤面。如遇风浪大作,将前埽用绳桩悬系,附堤水面。纵有风浪,随起随落,足以护卫。是为风防。

四曰雨防。守堤人夫,每遇骤雨淋漓,若无雨具必难存立,未免各投人家或铺舍暂避。堤岸倘有刷埽,何人看视?须督各铺夫役,每名各置斗笠蓑衣。遇有大雨,各夫穿戴,堤面摆立,时时巡视,乃无疏虞。是为雨防。

一曰官守。黄河盛涨,管河官一人不能周巡两岸,须添委一协守职官,分岸巡督。每堤三里,原设铺一座,每铺夫三十名,计夫分守堤一十八丈。宜责每夫二名共一段,于堤面之上共搭一窝铺,仍置灯笼一个,

---

① 《靳文襄公奏疏》卷四《谨陈岁修》。

② 潘季驯《河防一览》卷四《修守事宜》。

遇夜在彼栖止，以便传递更牌巡视。仍划地分委省义等官，日则督夫修补，夜则稽查更牌。管河官并协守职官，时常催督巡视。庶防守无顷刻懈弛，而堤岸可保无事。

二曰民守。每铺三里虽已派夫三十名，足以修守。恐各夫调用无常，仍须预备。宜照往年旧规，于附近临堤乡村，每铺各添派乡夫十名，水发上堤，与同铺夫并力协守。水落即省放回家。量时去留，不妨农业。不惟堤岸有赖，而附近之民，亦得各保田庐矣。

对于溃堤成决的原因虽亦有所分析，但亦难有全面的、科学的总结。清初靳辅亦只论及决口的客观情况，说："窃惟修防河堤，有堤漫溢之患，有风浪击堤之患，有鼠獾穴隙渗水之患，有堤被浸久忽然坐陷之患，有大溜奔注、塌岸坍堤、顶冲扫湾、上提下坐、迁变非常、危险莫测之患。凡此者虽为害有重轻之不同，而皆足溃堤成决，阻运（指阻塞漕运的通行）殃民。是以修防必期缜密，而不宜稍有疏忽也。"①

明清决口频繁，经验教训应当是很多的。文献资料中，关于集人力、备料物、裕经费、理人事等议论，关于修守、防汛等制度也都不少。但是，仍不免于经常溃决。固有其客观原因，然亦有其社会原因。盖以政策的制定，经验的总结，莫不从封建统治阶级的狭隘利益出发，又由于河官大多腐败无能，所以很难认真贯彻。关于这类资料就不再多引述了。

除了岁修以外又有所谓"大治"，就是在河道败坏已极，或发生决口改道之事以后，进行一次大规模的堵口复堤或培修新堤的工程。前章和以后各章述及的所谓整治事例，大都属这一类的事情。

第六节　堤防的所谓全局安排

明清治河的主要目标是维持南北运河的畅通，所谓全局安排也只是围绕着这一要求。对于"民田受淹"则是次要的；防决只恐"运道必伤"。这样又怎能作出全局安排的方案呢？从本节以下所引的议论，

---

① 《靳文襄公奏疏》卷四《请添河员疏》。

可以说明,如果治河的大方向错了,就不可能作出正确的安排。所谓全局,无不囿于历史局限,只是代表当时统治阶级的利益。

堤防是明中叶以后的治河主要措施。重点在徐、邳以下。迨至清初,徐州至淮阴运河全部脱离黄河,治河关键集中在黄、淮、运相交的清口[102]为中心的一带地区。清初靳辅任河官的十二年中,前八年他没有去过归德(商丘)以西①。由此亦可见其所注意的范围。

潘季驯在卸任第三次河官时,上书陈述未尽事宜,虽有宣传个人成就、粉饰太平景象之处,但亦可见其对于堤防及泄流的全面安排。他说:"先年淮北一带惟恃缕堤[177],束水太迫,卑薄杂沙。每年伏秋汛涨决口不下数十。决愈多则水愈散而沙愈停。沙愈停则河愈高而决愈甚。海口冲刷无力,遂致浅狭,以故徐、吕[43]而下两岸田庐溢为巨浸,桃[6]、清[7]运道仅同一沟。运道民生敝败极矣。幸赖庙堂坚持独断,部院协心经理,自万历六年兴工以来,大小决口悉皆筑塞。自徐抵清,除中间原有高阜可恃外,余俱创造遥堤。然又虑异常暴涨,遥堤或亦难容,故又于桃、清北岸崔镇、徐升、季太、三义镇等处建减水坝四座,使得宣泄入湖,免伤堤址。告成之后又开复邳州北岸直河一道,而蒙、沂诸水径出大河。开复宿迁南岸小河一道,而灵、睢积水渐已消减。近又查得沂河毛墩各涵洞一座应改减水坝,见已兴工。若徐州以上茶城口[106]为清黄接会之所,自改行新河[53]以来,地势中亢,泉水力弱,每岁运艘过尽之后、黄河大涨之时或不免数日浅涩。先经题准三年两挑。至期本司照例请挑,无容再议。是自徐抵清五百余里之间,所以导黄入海、为运道民生者,亦可谓无遗策矣。以故水力既专,奔流迅驶,淤沙日涤,河身日深,海口一带今岁倍加深阔,此皆河、淮合流冲刷之明效也……"②可见潘季驯治理的主要一段为徐州到清河五百余里的黄河。而其目的就是维持南北漕运,所谓民生只是一个附笔。

潘季驯也曾偶尔提到河南、山东防务的重要,如说道:"……万里湍流,势若奔马,陡然遇浅,形如槛限,其性必怒。奔溃决裂之祸,臣恐

---

① 《行水金鉴》卷五十。

② 潘季驯《总理河漕奏疏·计议河工未尽事宜疏》。

不在徐、邳而在河南、山东也。缘非运道经行之处，耳目所不及见，人遂以为无虞。而岂知水从上源决出，运道必伤。往年黄陵冈[104]、孙家渡[42]、赵皮寨[54]之故辙可鉴乎！"①论及河南、山东的河防也只为了"运道"，但治理的重点终不在这里。

与潘季驯同时的朱衡，对于全河的规划与潘相若，说道："惟茶城到临清，则闸诸泉之水为河（按：指运河），与黄河相近。清河[7]至茶城，则黄河即运河也。臣故谓茶城以北，当防黄河之决而入，茶城以南，当防黄河之决以出（按；河决而入，则冲毁山东境内运河，河决以出，则徐州以南运道淤阻）。防黄河即所以保运河。故自茶城至邳、迁高筑两堤，宿迁至清河尽塞决口。盖以防黄水之出，则正河必淤，昨岁徐、邳之患是也。自茶城秦沟口至丰、沛、曹、单诸处，创筑增筑，以接缕水旧堤。盖以防黄水之入，则运河必淤，往年曹、沛之患是也。二处告竣则河深水束，无旁决中溃之虞。然沛县窑子头至秦沟口应筑堤七十里，接古北堤与徐、邳之间。堤逼河身，应于新堤外别筑遥堤。譬之重门待暴、增纩御寒。此二项工程尤当及时举办。"②朱衡治理的重点，亦即有关运河畅阻的一段。

朱衡又说："治河之法，杜萌销患者上，次则随时补弊。或筑堤岸以防其奔溃，或建闸坝以严其蓄泄，或导合流以荡其壅滞，或探上源以遏其冲突，此外更无奇策。今防溃决，则徐、邳之遥堤当举，丰、沛之长堤当加。严蓄泄，则境山之石闸当复，吕孟等湖减水坝当建。荡壅滞，则茶城之合秦沟、清江口之合淮水当分布官夫，大加疏浚。遏冲突，则武家口、炼城、铜瓦厢[68]等处之倒湾当布列夫料，预筑埽台；河南、山东之太黄堤[47]与缕水南堤当增高厚。盗决之禁，乞申饬河道诸臣悉心经理，多方区画，务图经久之计，毋恃目前之安。"③

同时代的万恭的规划意见是："黄河自宿迁而下河博而流迅，治法宜纵之，必勿堤。宿迁而上河窄而流舒，治法宜束之，亟堤可也。徐、邳

---

① 潘季驯《河防一览》卷十一《申明河南修守疏》。

② 《明神宗实录》，见《行水金鉴》卷二十七。

③ 《明神宗实录》，见《行水金鉴》卷二十七。

水高而岸平，泛滥之患在上，宜筑堤以制其上。河南水平而岸高，冲刷之患在下，宜卷埽以制其下。不知者，河南以堤治是灭趾崇顶者也，徐、邳以埽治是摩顶拥踵者也，其失策均也。”①关于筑埽的意见，与本章第四节所引刘成忠之说不同。

靳辅论《黄淮全势》说：“北固开封之障，增卑培薄。中慎宿、桃[6]之守，帮筑中河[111]两岸之堤。南谨高堰[67]之守，岁填坦坡以保之。苟大者无虞，则其他堤岸但遵四防二守之制，即有溃决亦随决随塞，可跂足而治之矣。”重点仍放在漕运上，说：“若宿、桃、清河北岸一有溃决，则运道首阻，而自海、沭以南，马陵迤左，周围千里渺然巨浸矣。开封北岸一有溃决，则延津、长垣、东明、曹州[181]，三直省附近各邑胥溺。近则注张秋[40]由盐河[132]而入海，远则趋东昌、德州，而赴溟海。而济宁上下无运道矣。”②

靳辅在一个奏疏中写道：“今日全体情况之内，欲得百世无敝之术，须加意外之防，则高堰再当筹划万全以资悍御，中河再宜加帮遥堤以固金汤也。”接着分析各地溃决后的影响，说：如南岸在开封及其以下之地有溃决，水“总皆归入洪泽湖，以侵高堰。使高堰能自保，固以敌其疏虞之横。则凡南岸冲决之水仍由清口而出，止于民田受淹，而于运道无碍。且所疏虞之决口易于堵塞……倘高堰一有不固，则黄水仍旧内灌，山[8]、清、高、宝二百里之运河其为淤垫无疑矣。”如北岸溃决无论在河南省或山东省，都是“止于民田受淹，而于运道无碍。若险工之在宿迁以下、清河以上者，设有疏虞，则黄、中二河之水建瓴而北泻，势必夺河。则宿、桃一百八十里之运道必淤垫无疑矣。”③所提出的关键地段是高堰和宿、桃间的一百八十里，而后者为靳辅所新开的运河——中河——所在地段。虽然口头上为“全体”立论，而事实上仍只为运道，为高堰，为中河，其余则概所不计，并且把“民田受淹”置于无关轻重的地位。这就完全暴露了封建统治阶级不关心人民死活的立场，又

① 万恭《治河筌蹄》，见《行水金鉴》卷二十七。

② 靳辅《治河方略》卷二。

③ 《靳文襄公奏疏》卷八《两河再造疏》。

怎能谈到治河的全局安排呢！

陈潢说："若堰工修理不坚，一遇异涨即有冲决之处，非大开六坝不能保守堰工，淮既建瓴而东注，黄即乘虚而逆流。由是清口淤垫，运河梗阻，而下河之高、宝、兴、泰、山、盐尽饱鱼腹矣。必也建筑高堰，紧闭六坝，俾淮永不旁泄、黄水不倒灌，然后清运畅流。东南岁漕数百万得衔尾而转输，淮扬两郡农工商贾得以安居而乐业者，非因势利导以水治水之力乎。"①清口和高堰关系漕运畅阻，是清代的关键地区。惟治理意见颇有分歧，将于第十二章第四节专为论述。

到了清末，如包世臣所论，重点仍是高堰和清口。他说："南河所辖，曰黄、曰运、曰清（淮）。其要害，曰海口、曰清口、曰高堰。海口不畅，则上游水立而黄灌入清。清黄相抵，则淤垫清口。清水不出，而高堰吃重。"②

自明中叶以后，大都坚持筑堤之议，而重点则为徐州到清河一段。徐州而上则守北堤，淮河则守高堰。而主要目标则为畅通漕运，根本没有从治理黄河的角度出发来规划措施，所以也就谈不到全局。虽然基本维持了南北运河的漕运，但付出了极大的代价。而且溃决泛滥之灾也终未幸免，接连不断。

---

① 陈潢《天一遗书》。文中所说"堰工"指高堰。"六坝"指高堰大堤上泄水的六座坝。

② 包世臣《中衢一勺》卷一《策河四略》。

第七章　南道与改道的争论

这里所说的南道指明代的河道，改道指舍弃南道另行一道。由于崇古思想，许多人认为禹道是最完善的河道，所以历代都有恢复禹道的倡议。黄河的决口是频繁的，在决口以后就常引起改道与归故的争论。明清以漕运为重，严防北决，且常以徐州以南的黄河作为运道的一段，如以前所论，所以改道的议论比较少。而明清情况亦各有不同。明后期常以分黄导淮为争论焦点，已如前述，而清代则有改道倡议。这是由于河湖淤垫益重，决口频繁，漕运多阻。清代既摆脱明祖陵的顾虑，中叶以后海运又通，运河任务减轻。所以议改道者多主张放弃南道，改向东北流，尤多主张走大清河[4]道。

清咸丰五年（公元一八五五年），河决铜瓦厢[68]北流，这时又引起改道与归故的争论。时值清末，以太平天国革命军兴，虽欲归故而力所不能。其后二三十年间，徒事空论，既不堵塞决口，又不修筑新堤。后以北流的形势渐成，乃“以不治治之”，河道遂改。这就是现行的河道。

第一节　改道北流的建议

清初胡渭是崇慕禹道的一人。但由于势不能复，遂主张决封丘荆隆口，使黄河改道北行夺大清河入海。他说：“《尔雅》江、河、淮、济为四渎。四渎者，发源注海者也。刘熙释名曰：渎独也，各独出其所而入海也。自王莽时河从千乘[127]入海，而北去碣石[128]远矣。然犹未离乎勃海也。自金明昌中河徙，而河半不入勃海矣。元至正中又徙，而河全不入勃海矣。河南之济[129]久枯，河或行其故道。今又与淮浑涛而入海，淮不得擅渎之名。四渎亡其二矣。世习为固然，恬不知怪。愚尝为杞人之优。万一清口[102]不利，海口愈塞，加之以淫潦，而河、淮上流一时并决，挟阜陵、洪泽诸湖冲荡高堰[67]，人力仓卒不能支，势必决入山[8]、盐、高、宝诸湖。而淮南海口沙壅更甚于曩时,怒不得泄,则又必夺邗沟[72]之路直趋瓜洲[130],南注于江,至通州[131]入海。四渎并为一渎,拂天地之经,奸南北之纪,可不惧欤!

“欲绝此患,莫如复禹旧迹。然河之南徙日以远矣。浚、滑、汲、胙[180]之间无河,新乡、获嘉亦无河矣。贾让、李垂之策将安所用之?或曰:金、撒可喜请于新乡县西决河水,使东北合清河(按:指卫河),至清州[175]柳口入海。其说不可行乎?曰:今新乡流绝,欲自武陟之东浚其故道,约一百三四十里,更于新乡县西决河使东北流,凿生地五十余里,劳费不訾,民何以堪。且荥阳以下,每决必溃右堤,未闻有决左堤而北者,疑此地北高南下。新乡县西之故道去清河虽近,未必能导之使北也。

“然则河竟将若何?曰:封丘以东,地势南高而北下,河之北行其性也。徒以有害于运,故遏之使不得北,而南入于淮。南行非河之本性,东冲西决,卒无宁岁。故吾谓元、明之治运得汉之下策,而治河则无策。何也?以其随时补葺,意在运而不在河也。设会通[3]有时而不用,则河可以北。先期戒民,凡田庐冢墓当水之冲者,悉迁于他所,官给其费,且振业之。两岸之堤增卑培薄,更于低处创立遥堤,使暴水至,得左右游波宽缓而不迫。诸事已毕,然后纵河所之。决金龙[39],注张秋[40],而东北由大清河[4]入于勃海,殊不烦人力也。

“盖禹河本有可复之机,一失之于元封(汉武帝),再失之于永平(汉明帝),三失之于熙宁(宋神宗),至明昌(金章宗)以后,事无可为。居今日而规复禹河,是犹坐谈龙肉,终不得饱也。河之离旧愈远,则反本愈难。但得东北流入勃海,天文地理两不相悖,而河无注江之患,斯亦足矣。求如西汉之河不可得,即宋之北流亦不可得,而况泽水[12]、大陆[13]之区也。呜呼!禹河其不复矣乎!”①

胡渭泥禹道的传说,信四渎乃天定,则其结论必受此等思想的拘束。其他改道的议论亦多此病。然以南道淤垫已甚,改道北流也是自然的趋势。

---

① 胡渭《禹贡锥指》。

清孙星衍也建议改道北流，由大清河入海。他考证大清河是“禹厮二渠”之迹，因袭崇古思想，说明应当改道；并以“河名大清，百川之所朝宗”的祥瑞预兆，迎合统治集团的迷信思想，打动清代王朝。虽无可取，但却能表达当时的一种观点，略引一二。孙星衍说：“大清河则漯川，小清河则济水。济水绝于章邱之北，漯川绝于济阳以东，俗称徒骇河，即漯川也。”“今河北流禹迹乎？会通河[3]以西合济渎，以东合大清河。大清河自济阳以西为济渎，以东为漯川。河行渠之一，谓之禹迹可也（按：漯川传为禹二渠之一）。治之奈何？马颊、徒骇北达于海，西属于会通河，深浚而利导之。疏小清河通于大清河，以复济渎故道，而杀河势。滨州[176]、沧州之间，胡苏、钩盘、鬲津诸河（按：三河及马颊、徒骇传均为禹九河故道），并有形迹，次第可治。”“且夫浚齐桓已塞之河，复大禹二渠九河之迹，神功也。河名大清，百川之所朝宗，美瑞也（按：大清为双关，一指河名，再则象征大清帝国）。东北流环拱神京，胜于屈南东之势，地利也。省南河设官岁修亿千万之费，出东南亿千万顷之地，足资东方工用赈恤，量移民居而有余。此数十百年安澜之庆，转祸为福之大机也。非常之功必待非常之人。惟圣人澌沉澹灾，能与天地参也。”①

乾隆初期，冯祚泰说：“宋、金北派可复。”也是指大清河入海的道路。他说：“河之南流也，两汉能挽之，北宋能挽之，金人则任之，元、明以来则筑垣而居之者也……明人于河，既虑决及开封，有宗藩重镇，又虑侵泗州祖陵。何以不为闭塞南流之计？而元、明诸臣率以害运为虞，无怪乎其治河无策也。夫自古河决之多，莫多于元、明。元、明狃于会通之利，而甘受决溢漂没之患。藉使熟计利害，以频年决溢漂没之费为挽河之费，而仍不至坏运焉，则东流北流必当择一以处此。”在分析北流、东流时，说：“河之不能北流也，于两汉则惜之，于北宋则责之，于元、明则恕之者也……大河不可南流，不能北流，则惟东流。东流者，托始于东周，而汉、唐则顺之使东，宋则强之使东，元、明遏之使不得东者也。”因之，主张河应由大清河入渤海。并且说：“此功一立，远者千余

---

① 孙星衍《禹厮二渠考》，见砚北主人《河防要览》卷一。

年，近亦数百载也。”①

亦在乾隆初年，陈法议黄河应改由大清河入海。他说：“夫河之徙而南也，世不惟不以为怪，而习以为固然，反若利其如此者。只知为漕之便，而未知其害之酷，如前所陈也。刘忠宣公（按：指刘天和）疏云：河南、山东、两直隶[157]地方，西南高阜，东北低下。黄河大势日渐东注。究其下流，俱妨运道。万侍郎（按：指万恭）《治水筌蹄》云：河南属河上源，地势南高北下，南岸多强，北岸多弱。夫水趋其所下，而攻其所弱。近有南堤之议者，是逼河使之北行也。由是言之，二公非不知地势之南高北下，非不知水性之就下，而终强河使南者，以妨运也。然虽强之南，而河屡决而之北，而其决又多自金龙口[39]。其北者，则多由濮、范注张秋[40]，由大清河入海。”

在历述自汉迄清初北决张秋的事实以后，又说：“夫河南各险工，不数年而即变。一有疏虞，其决而之张秋必也。今河南徙，既拂其就下之性，而河身日高，不可得而疏也；缕堤日近，不可得而远也；淮、黄交流，其害日深，不可得而补救之也。河之行在在皆危道，则何若去危就安，因其势而利导之乎？”

在叙述东明县以东地形及大清河的情况以后说：“夫诚自张秋而西，测量地势，因河所数行之处，另辟大河，引之坚地。其张秋以东，即因盐河[132]、大清河开浚之。计所费不过数百万，当两河数年之费，其利有不可殚述者。”并列举改行此道有二十二利。

关于改道北流后的运河，陈法有两个建议。他说：“漕舟由汶入河，由河入海，其达津门（按：指天津）也一日夜耳。而又无一切筑堤、修闸、挑浅、剥船之费，是坐收胶莱[167]之利也。”这是针对有人建议开胶莱运河，沟通胶州湾与莱州湾的海运而说的。又因有人不愿经黄河过海，所以又建议第二个办法：“莫若于卫入漳之上辟闸开河，以斜入于黄。审其地势，以次为数闸，以节宣之。由汶达河，由河溯卫而入漳。是不过迂漕舟一二日之程，可安行而北矣。”②

① 冯祚泰《治河前策》卷下《宋金北派可复》。

② 陈法《河干答问·论河道宜变通》。

乾隆十年(公元一七四五年)间,孙嘉淦曾将陈法著的《河干答问》送给乾隆皇帝,但"留中"未发,就是不同意的表示。前于第五章第一节中,曾引孙嘉淦于乾隆十八年上书,建议向北分流,与陈法的意见颇似。当时,乾隆帝曾批驳说:"朕因河患,宵旰忧勤,日召在廷诸臣,详悉讲求。其欲复黄河故道使北流者,既迂远难行。至谓蓄泄宜勤,闸坝宜固,堤堰宜增,海口宜浚,则河员足任。徒事摭拾空言,无难编成巨帙。"①这道命令对于治河言论自有所影响。

乾隆四十八年,大学士嵇璜奏,令黄河仍归山东故道,也就是改道北流。因为当时青龙冈[133]漫决,滔滔东下,建议因势利导,按东汉王景所治[30],由千乘[127]之道入海。交阿桂等议复。而清朝皇帝早有"朕揣形势,以为其事难行,是以迟徊久之"的表示。阿桂等揣合其意,认为"揣时度势,断不能行"。他说:"始而南流八分,今则全归南注。地形北高南低,水性就下。惟应补偏救弊,以复其安流顺轨之常。山东地高于江南,若导河北注,揆之地形之高下,水性之顺逆,断无是理。"又交"大学士九卿科道等,再行悉心妥协会议,具奏"。复议仍如前②。彼等并不了解实际,改河大事,虽然"询谋佥同"亦或不能反映正确情况。

康基田在清王朝否定嵇璜之议以后,也反对使河改行东道,他说:"宋人回河之误,挽河东流归横陇[29]及京东故道,皆由大清河入海,即今所议由山东归海之故道。竭天下之力以事河,而卒不能行者,势有不顺也。王景河汴分流[30],引河出千乘[127],而行之甚久者,其时运道不归于北,河运自分也。黄河不能遽行生地,今欲返故道于冰碎瓦裂之余,穿运淤河,不独格于事势,抑尚有进于是者。浊河东流入海,必资清水助黄刷沙。北则藉漳、卫、滹沱、桑干、湖淀之水,奔流同归。南则赖七十二山河归淮之水,汇流涤沙。若归大清河由利津入海,如带之河,岂能御随潮之沙?春冬水弱,力难冲荡,夏秋涨发,壅泥灌入,水退自停。宋时之通而复塞者,大端亦由于此。况以久未经行之故道,而轻议开辟,

① 《河渠志稿》,见《续行水金鉴》卷十三。

② 康基田《河渠记闻》卷二十八。

尤有窒碍难行者。未可勉强从事矣。”①

虽然如此，后人仍多议改道。咸丰二年，也就是铜瓦厢[68]决口前三年，魏源有《筹河篇》三，也主张改道北流，由大清河入海。在分析了当时河道情况后，说：“由今之河无变今之道，虽神禹复生不能治，断非改道不为功。人力预改之者上也。否则待天意自改之。虽非下士所敢议，而亦乌忍不议！”又说：“每上游豫省北决，必贯张秋运河，趋大清河入海。非天然河槽乎？挽回故道，既逆而难，何不因其就下之性，使顺而且易。奈何反难其易，而易其难，祸其福，而福其祸？则必曰，恐妨运耳。呜呼！今之南运河果能不灌塘而启坝通运乎？既可灌塘于南运河，独不能灌塘于北运河乎？……及元世祖至元中，开会通河尽断北流，专以一淮受全河，而河患始亟。元决，贾鲁初献二策，一议修筑北堤以制横溃（按：意即沿北流之水筑堤），其用功省；一议浚塞并举，挽河南行复故道，其功费甚大。脱脱竟用后议，挽之使南。其时余阙即言河在宋、卫之郊，地势南高于北，河之南徙难而北徙易。议者虑河之北则碍会通之漕。不知河即北而会通之漕不废。何则？漕以汶不以黄也。贾鲁不能坚持初议，其识尚出余阙之下。明以来，如潘印川（按：即潘季驯）、靳文襄（按：即靳辅），但用力于清口[102]而不知徙河于兖、豫，其所见又出贾鲁之下。诸臣修复之河，皆不十余年，随塞随决，从无王景治河千年无患之事。岂诸臣之才皆不如王景，抑所因之地势水性不如景哉！今日视康熙时之河又不可道里计。海口旧深七、八丈者，今不过二、三丈。河堤内外滩地相平者，今淤高三、四、五丈。而堤外平地亦屡漫屡淤。如徐州、开封城外，皆与雉堞等。则河底较国初必淤至数丈以外……”他主张因势利导，以改河北流为上策。

但是，他接着又说：“然以因势利导之上策，而事必不成者何也？河员惧其裁缺裁费，必哗然阻。畏事规避之臣惧以不效肩责，必持旧例哗然阻。一人倡议，众人侧目。未兴天下之大利，而身犯天下之大忌。盘庚迁殷，浮言聒聒。故塞洚洞之口易，塞道谋之口难。自非一旦河决于开封以上二百里之上游，国家既无力以挽回淤高之故道，浮议亦无术

---

① 康基田《河渠纪闻》卷二十八。

以阻挠建瓴之新道,岂非因败为功,邀此不幸之大幸哉!”

真是“不幸而言中”,三年之后黄河就决铜瓦厢[68]北流,经大清河入海了。

清末,冯桂芬建议,由直隶[157]、河南、山东三省,遍测各州县高下,缩为一图。乃择其洼下远城郭之地,联为一线,成为新道,以达于海①。这是离开历史性的所谓北道、东道,根据地势高下定出一个新道的建议。

明代言改道的多在徐、邳以下,而且特别重视徐、邳以上北堤的防守。中叶以后,采取南北俱堤的方针,清代继续奉行。清决口虽仍频繁,但支流分泄则少,决口则多事堵筑。然河槽日高,特别是黄、淮、运交会之处困难日重,所以清多倡议改道北流。禹道既不可复,故多建议由东道大清河入海。特别是清中叶以后,海运渐通,漕河任务减轻,顾虑减少,所以多认为以改道东流为宜。

第二节　维持南道的主张

反对北流改道的理由,大体上见于上述主张改道的人所驳斥的或反对的意见。今再举例以作补充。

明万恭因黄运的关系反对复禹道。他说:“今则饷事大半仰给江南,而江南之舟泛长江,历淮、扬而北,非河以济之,则五百四十里当陆运耳!京师若何?故治水者必不可使北行由禹之故道,必约之使由徐、邳,以救五百四十里饷道之缺。是不徒去河之害,而又欲资河之利者也。”②

明潘季驯反对另议新河。他的理由有两条,一是由于对河道的基本认识,一是为了漕运。他说:“夫议者欲舍其旧而新是图,何哉?盖见旧河之易淤,而冀新河之不淤也。驯则以为无论旧河之深且广,凿之未必如旧,即使捐内帑之财,竭四海之力而成之,数年之后,新者不旧

① 冯桂芬《改河道议》,见岑仲勉《黄河变迁史》第十四节下。

② 万恭《治水筌蹄》。

乎？假令新复如旧，将复新之何所乎？水行则沙行，旧亦新也。水溃则沙塞，新亦旧也。河无择于新旧也。借水攻沙，以水治水，但当防水之溃，毋虑沙之塞也。"关于这一点在第五章里已有所论述。又说："且我朝岁漕四百万石，非藉黄不能浮舟。是天所以默相我国家，而预辟此河以助之也。"①潘季驯不只反对大改道，就是局部改道也反对。前文已有引述，不再多举。

清康熙年间，张希良循明成规，反对禹道，说道："因其势而利导之、防约之，有补偏救弊之方，无一劳永逸之策。治河者不出此两言而已（按：这是明万恭等人的话，后人多所引用）。必欲复禹旧迹，凿空求解，泥纸上之陈言，鲜目前之实效，不亦惑乎！"②

也有人主张，河道不限南北，应因势利导的，如清龚元玠。龚说："议者曰，河宜北不宜南。禹之擅功，以导之归北，徒以疏与浚也。予曰，不然。河虽浊，水性固就下也。可以北，不必于北。可以南，不必于南。奚以明其然也？自有天地即有河。陶唐以前，盖不知几千万年也。其北耶，南耶？不可得而知也。及九载之绩弗成，禹相度治之，适经于北，遂导于北。然而禹第疏之浚之而已。既不能必后人遵其法，亦不能必后世之河常北也。抑闻之郦道元云，禹塞淫水，荥阳引河，通淮、泗、济水，分河东南流。则当时已不尽北。至商仲丁河决商邱，则分睢入淮以归海矣。河亶甲决嚣，则又分颍以入淮矣。武乙泛偃师，则且分汝以入淮矣。然则自禹导河七百余年后，河且数南，不独周定王五年河始南徙也。议者弗深考，辄曰南归非性，岂不谬哉！

"曰，河既不限南北，图说称，由徐、扬归海，河自顺其自然，何也？曰，此以南北地势知之，非可以人力强也。且自禹迄今，河道之归海者四：北大陆[13]，北之南渤海，东之北千乘[127]，东之南安东[9]。西汉及周（按：疑为唐之误）、宋以来，河患剧矣。然溢而北者不过信都[100]而北。决而南者，北之南馆陶，又其南顿丘[134]，又其南濮阳，又其南定陶。每决必南徙，然则河之所趋可知矣。

① 潘季驯《河防一览·刻河防一览引》。

② 张希良《河防志》卷二《黄河考》。

“禹之导河也，澶[32]、相[143]以北，有西山以障之，有九河以杀之，故河安于北。九河塞，而河乃南迁。今诚祖禹之法，河虽由南归海可也。违禹之法，合万余里之水，汇于一以委之，虽由北归，患未已也。不求法之一定，而哓哓于南北之异道，亦见其暗于势，而昧于理也。”①

龚元玠泛论河道南北变迁大势，虽有独见之处，然没找到出路，而归结为祖禹之法，所以又陷入筑堤与分流的争论中。

论改道必须从具体情况出发，从实际调查分析，不能只凭南道北道，或新道故道的概念立论。必须打破崇古思想，跳出所谓神禹治水的圈子，实事求是，具体分析。否则，徒托空言，无补实际。而明清又多泥于防黄犯运或藉黄济运的任务，明又顾虑泗州祖陵的“风水”，不能高瞻远瞩，统筹治河。其结果，漕运既未能畅通，黄河也没得治，也是一个教训。

改道与否又常牵扯到局部地区的利害。北人欲其南，而南人欲其北。这种争论的文献资料数见不鲜。就是对一个小改道，如明杨一魁等所主张的在淮阴以东的下游分黄，就遭到张朝瑞的反对。杨对此说道：“何反虑其家，而不虑其国？”②改道之议难行，小局与大局的矛盾又其一因。

其他反对改行东道的议论，见下节铜瓦厢决口后改道与归故的争论中。

第三节　铜瓦厢北决改道

清咸丰五年（公元一八五五年）六月，河南兰阳（今兰考县）汛铜瓦厢三堡河决。水分几股由直隶[157]东明（今属山东省）、长垣、濮阳（今属河南省），入山东的菏泽、濮县、范县（今属河南省），至张秋[40]汇流，穿运，归大清河[4]，由铁门关[144]北肖神庙以下牡蛎咀[115]入海。

初决时，清王朝曾命令竭力堵口。六月的命令说：“倘不赶紧兴

---

① 龚元玠《黄淮安澜编·治河论中》。

② 《明神宗实录》，见《行水金鉴》卷四十。

筑,及早堵合,伏秋大汛,水势正长……”并且暂开捐例(按:指用金钱卖官位),以济要工。但是,太平天国革命正在高潮,清王朝处于军费庞大、财政拮据的困境。又怕一旦兴工,聚集数十万民夫,引起农民起义。所以七月间,又有“所有兰阳漫口,即可暂行缓堵”的命令。八月,山东巡抚崇恩亦以军需浩繁,大工难以卒办,建议筹划分泄之路。议分三道:一使之由济宁迤南,会泗水达淮、徐入海。一使之由东昌、临清以北,会卫水归天津入海。再以运河东岸之大清、徒骇、马颊三河为旁泄之路,由利津、沾化入海。经派张亮基等查勘,倾向于大清河入海之道。但又说:“虽取径较捷,关系民田庐舍,亦属窒碍难行。此时惟有遇湾切滩,使河势刷宽取直。并顺河筑埝,堵截支河,为暂救目前之计。”① 故作模棱两可之语,也是官样文章的代表作。意即,听其自然流经大清河,既免受人攻击,又可卸脱责任;如能顺流入海,且可邀功。

同治二年(公元一八六三年),山东巡抚阎敬铭奏说:黄河涨发,曹州府属之菏泽、定陶、曹县、濮州、巨野、城武等处,田庐人畜半入巨浸。附近运河及大清河各州县泛滥之处不少。由于两岸无堤,连年洪水横流,灾情严重。而且以改道与归故之议未定,所以筑堤修埝之案亦未决②。

同治三年,潘骏文议由大清河入海之窒碍有四:修筑之费不赀也,废弃之地可惜也,运道之阻难筹也,盐运之患宜防也。并且说:“夫治河于今日,有补偏救弊之方,而无一劳永逸之计。但能两害相形取其轻,而不至不可收拾即为善策。就目前情形而论,自仍以堵决口、复故道为正办。”③

大约在十年以后,潘骏文改变了上述论调。他在分析当时改道与复故的各种情况之后,又得出“故道可复,改道可行”的两可结论。在考虑复故的困难时,他倾向于改道。在考虑到改道后仍有决而南行的可能,以及“海运不足恃,而河运不可废”时,又倾向于复故。他还论当时议复故与改道者的偏见,说:“言河事者,亦大概可知。局外之敷陈

---

①、② 林修竹、徐振声《历代治黄史》卷五。

③ 《潘方伯公遗稿·拟黄河改由大清河入海议》。

多就乡里之利害为言。疆吏之核议又以辖境之损益立论。其毛举细故而无关大局之得失，不恤时艰而第工一身之趋避者，更不足计。所谓筑室道谋迄无成功也。昔人谓治河非难，平治河之口为难，盖有慨乎其言之。”①足见当时议论纷纭，各持己见而无补实际的情况。现不多举。只介绍争论的最后一个回合，即丁宝桢与李鸿章的议论。议者说，丁宝桢是“以辖境之损益立论”，李鸿章是“就乡里之利害为言”。这是由于丁宝桢是山东省巡抚，李鸿章是安徽省人，故有此说。但就当时河流的自然形势说，自以改道北流较为合宜。

同治十一年（公元一八七二年），山东巡抚丁宝桢上疏写道：由利津入海有四不便、三可虑；堵合铜瓦厢，回复河故道有四便。由大清河入海的四不便是：自铜瓦厢到牡蛎咀，一千三百余里，两堤相去须十里。除现在淹没不计外，尚须弃地若干万顷。此项弃地居民不知亿万，作何安插，是有损于财赋者一也。沿河州县城池十数处，难于建置者二也。大清河支流难以注入现行河道，有妨于水利者三也。东纲盐场被淹，是有碍于鹾纲者四也。

由大清河入海的三可虑是：运河以西河道，两堤相距七八十里，及至张秋陡然缩窄，对南北运口不利，可虑者一。汶水在黄河以南，如欲用以济运则必穿黄，而汶水势不敌黄，将被挟而东趋；仅黄流行闸河，淤淀迅速，可虑者二。引卫于合漳之后以资灌塘，以浊易浊，同一受病，可虑者三。

回复故道的四便是：就现有之河身，不须弃地弃民，便一。因旧存之岸，培修不烦创筑，便二。厅汛裁撤未久，制度犹可查考，人才尚有遗留，便三。漕艘灌塘渡黄不虑阻阂，便四②。

疏下廷臣会议。同治十二年，命直隶总督李鸿章妥筹办法。李鸿章复奏，力主黄河由山东入海。这大体上就是长期争论的最后的意见。说道：“现在铜瓦厢决口约十里，跌塘过深，水涸时尚逾二丈。旧河身高于决口以下水面二丈内外，及三丈以外不等。如其挽河复故，必挑深

① 《潘方伯公遗稿·治河刍言》。

② 林修竹、徐振声《历代治黄史》卷五。

引河三丈余，方能吸溜东趋。查乾隆年间，兰阳青龙冈之役，皇帑至二千余万。大学士阿桂奏言，引河挑深一丈六尺，人力无可再施。今岂能挑之三丈余乎？十里口门进占合龙亦属创见。国初以来，黄河决口宽不过三、四百丈，尚且屡堵屡溃，常阅数年而不成。今岂能合龙而保固乎？且由兰、仪以下，抵淮、徐之旧河身，高于地约三、四丈。因沙成堆，老淤坚结。年来避水之民，移住其中，村落渐多，禾苗天际。若挽地中三丈之水，跨行于地上三丈之河，其停淤待溃，危险情况，无不知之。而岁久干堤，即加修治，必有受病不易见之处。万一上游放溜，下游旋决，收拾更难……。

“目下，北岸自齐河至利津，南岸齐东至蒲台，民间皆接筑护埝，迤逦不断。虽高仅丈许，询之土人，每有涨，出槽（按：指主槽）不过数尺，并无开口夺溜之事……。

“至如齐河、济阳、齐东、蒲台各县城，近临河岸，幸年来官守民防无恙。以后可守则守，不可守则迁，似应随时相度设法……。

“夫河在东省，固不能云无害，但得地方官补偏救弊，设法维持，尚不至大患。近世治河兼言利运，遂至两难。臣愚以为，沿海千里，洋舶骈集，已成创局。正不妨借海道运输之便，以扩商路，而实军储。此时治河之法，不外古人因水所在，增立堤防一语。

“查北岸张秋以上至开州[145]境，二百余里，有古金堤可恃为固。张秋以下抵利津海口，八百余里，岸高水深。应由山东抚臣，随时饬将原有民埝保护加培。南岸自安山[2]下抵利津，多傍泰山之麓，诚为天然屏障。惟安山以上至曹州府境，二百余里，地形较洼，为古巨野泽，即宋时八百里梁山泊[36]也。自宋、明以迄我朝，凡河决入大清之年，无不由此旁注曹、单、巨野、金乡各邑。甚至吞湖并运，漫溢数十州县，波及徐、淮，为害甚烈。其侯家林[146]决口现虽堆筑坚固，惟上下一百余里之民埝，高者丈余，低者数尺，断难久恃。此处若有一失，则西南之运道水柜（按：指当时济宁南北诸湖）复被冲淤，庐舍民田更遭荡析，其患不可胜言。且黄河分流势缓，北行入海之道亦恐渐形淤浅。请敕山东抚臣，于秋汛后将侯家林上下民埝仿照官堤加高培厚。若能接筑至曹郡西南，更为久远之计……"①

李鸿章所议亦多有不合实际之处。例如,"南岸自安山下抵利津,多傍泰山之麓,诚为天然屏障。"按,安山在山东东平西南,以下至济南,接近山麓。济南而东,以至利津,则无山。又如说"张秋以下抵利津海口,八百余里,岸高水深。"又说,北岸自齐河以东,南岸自齐东以东所筑护埝,"每有涨出槽,不过数尺,并无开口夺溜之事。"没有反映全面情况。所谓张秋而下,也就是运河以东,其所以暂时得安者,因为当时改道与复故之议未定,口门既放纵北流,两岸又未修堤,泛滥于运河以西广大地区,迂回停滞,且有一部水沿鱼台、沛县湖河注淮。洪水峰量在未越运河东流之前已有消散,所以运河以东有李鸿章所述情况。及至运河以西培筑大堤,水就约束,而运河以东的祸患始多。今引潘骏文的一段话加以说明。

潘骏文说:黄河"由山东张秋穿运入大清河,从牡蛎咀入海,至今已三十年。从前泛滥于曹、兖、济宁各属,灾区甚广。淤湖阻运,漫水且波及江南。其患皆在未穿运之前。迨同治末年,堵筑侯家林、贾庄[147],并建堤捍卫。十余年来尚就范围。曹、兖各属稍获安枕,兼得护运通漕。近自光绪十年,济、武各属(按:指今济南市、德州、惠民专区一带)又屡漫溢,其患见于入大清河之后。"②

由此可见,铜瓦厢决口以后,决口既未堵塞,新道亦未筑堤,仅由群众围筑小埝自卫。迨同治十三年(公元一八七四年),东明石庄户决,水流南泛。十月,丁宝桢急筹堵口,改在贾庄堵塞。光绪元年(公元一八七五年)三月堵合。四月筑南长堤,河北山东两省共长二百五十余里,题名为障东堤,现在一般又称为南金堤。以北岸堤工赶办不及,先培修古金堤,以为屏蔽。其后,又逐年加培增长,并陆续修筑运河以东之堤。改道的局势乃定。自决口至此整二十年。时值清末,政治极端腐败,民族矛盾、阶级矛盾、统治集团内部的矛盾都极尖锐,更无暇顾及河事。河患连年不息。从这一次黄河决口改道的史实,亦可见历代封

① 林修竹、徐振声《历代治黄史》卷五。

② 《潘方伯公遗稿·议黄河》。

建统治阶级不关心人民死活，漠视黄河治理，任其泛滥横流的罪行。同时也说明，黄河之所以称为“难治”，固有其自然的原因，然亦有其社会的原因。

第四节　治与防的争辩

治河与防河的争辩见于有清末叶，而其渊源有自。相传大禹“治水”，“导河积石”，到下游“播为九河，同为逆河，入于海。”①迨至下游两岸筑堤，便成为防范洪水的措施。元代贾鲁治河，则“有疏、有浚、有塞（包括堤防）”②。明代潘季驯治河，则以堤为主要措施。并认为“若顺水之性，堤以防溢，则谓之防。防之者乃所以导之也。”③潘季驯把“防”与“导”的作用联系起来了。但是，如果“导”或“治”的作用不显，就难免有仅事“防河”的指责了。再如采取筑堤的方针以后，不能严于防守、勤事修补，经常决口，致使河道日败，疲于奔命，成为日事防御的被动局面，就引起“这不是治河，而是防河”的指摘。而当时的所谓治，也只限于分流和改道二法。

清范玉琨说：“独至今日之黄河，则有防无治。而以防为治，即治之而终不效。历年当伏秋大汛，司河各官率皆仓皇奔走，抢救不遑。其竭蹶情形，真有惟日不足之势。及至水落霜清，则以现在可保无虞，而不复再求疏刷河身之策。渐致河底垫高，清水不能畅出，并误漕运，又增盘坝起剥及海运等费。皆数十年来，仅斤斤于筑堤厢埽，以防为治，而未深求治之之要有以致之也。”④范玉琨是主张黄河应由安东[9]改道的，所以有此议论。

清末魏源也有类似见解，他说：“我生以来，河十数决，岂河难治，抑治河之拙，抑食河之餮，作筹河篇，但言防河，不言治河，故河成今日

① 《尚书·禹贡》。

② 欧阳玄《至正河防记》。

③ 潘季驯《河防一览》卷二《河议辩惑》。

④ 范玉琨《安东改道议》卷一《熟悉河工久远大局奏稿》。

之患;但筹河用,不筹国用,故财成今日之匮。以今日之财,应今日之河患,虽管桑不能为计。由今之河,无变今之道,虽神禹不能为功。故今日筹河,而但问决口塞不塞,与塞口开不开,此其人均不足以言治河者也。无论塞于南,难保不溃于北,塞于下,难保不溃于上,塞于今岁,难保不溃于来岁。即使一塞之后,十岁、数十岁不溃决,而岁费五六百万,竭天下之财赋以事河,古今有此漏卮填壑之政乎?吾今将言改河,请先言今日病河病财之由,而后效其说。"①魏源是主张改道北流,由大清河入海的。

这些人并没有提出不要堤的意见,但认为应当改道,所以反对"以防为治"。

明万恭提出,治河应当利导之,防约之,说:"因其势而利导之,防约之,有补偏救弊之方,无一劳永逸之策。治河者不出此两言而已。"又说:黄河上源支河一道,自归德饮马池[139]……出宿州小河口[46],今淤。"若河趋,则因势利导之,而丰、沛、肖、砀、徐、邳之患纾矣。"②万恭是主张筑堤反对分流的,前已数引其言论。但在大水之时,则建议应因势利导,分支泄流。

潘季驯说:"盖筑塞似为阻水,而不知力不专则河不刷,阻之者乃所以疏之也。合流似为益水,而不知力不弘则沙不涤,益之者乃所以杀之也。旁溢则水散而浅,返正则水束而深。水行沙面,则见其高,水行沙底,则见其卑。此既治之后与未治之先,光景大相悬绝也。每岁修防不失,即此便为永图。借水攻沙,以水治水。臣等蒙昧之见,如此而已。"③潘季驯这类的议论很多,前文已数有引述。他反对改道,反对支河,认为筑堤束水便是治水。并主张修建减水闸坝分洪,不过其分水作用不大。

筑堤既不能防止地上河的发展,而又不能坚守,以致经常溃决。决而复塞,塞而又决,经常打被动仗。而建议的所谓治河的其他方法,又

① 魏源《筹河篇》。

② 万恭《治水筌蹄》。

③ 潘季驯《河防一览》卷八《河工告成疏》。

多空言,或难以改变被动的局面。因之争议不休。

潘季驯的许多观点,是会引起“以防为治”的评论的。“治河无一劳永逸之功,惟有补偏救弊之策”,是潘季驯所曾强调的,也是后人常引述的一句话。但是,如果把“补偏救弊”只视为堤的修守,而不从治河方法的发展、治河要求的提高加以考虑,便将永远停留在被动的局面,不能前进。潘季驯并没有改进的意图。在上述的一句话后,接着说:“不可有喜新炫奇之智,惟当收安常处顺之休。毋持求全之心,苛责于最难之事。毋以束湿之见,强制乎叵测之流。毋厌已试之规,遂惑于道听之说。循两河之故道(按:指当时黄河与淮河的河道),守先哲之成规,便是行所无事。舍此他图,即孟子所谓恶其凿矣。”①这种思想,对于治河带来了安于现状,不求有功但求无过等不良影响。

筑堤与分流是自古议治河的两大派别。改道亦是决口频繁、河流动荡时的议题,而改道与归故更是决口后常有的争论。河道是不稳定的,治河的原则也经常在争论之中。争论非坏事,但应实事求是,不可徒尚意气,固执成见,或凭空设想,主观臆断;亦不可以过去的局部经验指导一切;不可奉古人的传说为不易的定论。

时至近代,治河的方法既多,治理的范围也广,既不限于上述的方法,也不限于下游的地区。所研究的题目更繁,涉及的地区更大,关系的部门更多。则治河的要求与方案,自不仅限于明清议论的范畴。但从历史上治与防的争论,亦可见不满意于当时治理的现状,而思有以改进之策。只以受社会制度和技术水平的限制,未能跳出古人的窠臼,致使黄河的治理策略停滞不前。

---

① 潘季驯《河防一览》卷二《河议辩惑》。

第八章　畅通河口的设想

黄河造陆工作的进展有三方面：一是，淤高河槽本身；二是，泛滥或改道，在已经淤出的平原、或其低洼地区的填高；三是，河口向海延伸，也就是在海岸新淤土地。从另一方面说，河口的延伸，也是海的后退，成为“海退地”。黄河在没有人为的治理以前，造陆工作是自然地进行着。在治理以后，虽然受到一些限制，但仍在不断发展。造陆工作增加了财富，是好事。但是，黄河造陆的发展，既破坏了黄土高原的生态平衡，又妨碍下游生产、威胁居民生活，成为坏事。解决这个矛盾便是治河的一项任务。

河口也称为海口，是河水汇海之口。出海的泥沙也随水流的分散而淤垫。设若把黄河下游的冲积大平原称为大三角洲，河口一带便是个小三角洲（黄河泥沙随海流分布较远，自不限于河口附近）。海既然逐渐后退，河口逐渐延伸，那么，下游的河道比降必然逐渐变缓，流水速度减低。但是，这种比降变缓的现象并不是直线发展的。遇到一次特大洪水，将在大三角洲上或小三角洲上改道，或左或右。如新道较短，水流较顺，下游河道比降便一时出现上升现象。但是，总的趋势是下游河道越伸越长，比降越来越缓。又加以潮汐升降，海流影响，村落聚居，筑堤围埝等等，所以河口的发展情况是比较复杂的。由于河口是泄水的尾闾，所以也是治理的一个重点。

明清由于决口频繁，又不能作有效的控制，所以常把黄河决口的责任归之于海口的不畅。因之，畅通海口也就认为是一项重要的任务。但是，对于海口情况的了解极不充足，既不了解其发展的规律，也不能辨别其为通为阻，所以治理的意见也很分歧，且多空论。例如，有的认为海口壅塞，有的认为海口通畅，有的认为应施以疏浚，或另辟海口，或多分入海道路，或改道；有的则认为应以筑堤导流之法，使海口自深。但基本没作什么工程，偶有兴修，效果难显。

清咸丰五年（公元一八五五年）黄河改道，由南流汇淮，于安东注黄海，改由东流夺大清河，于利津入渤海。前后河口位置不同，特作说明。

第一节　河口三角洲的情况

黄河挟带大量泥沙入海，河口三角洲的发展很快。一方面河口向海延伸，另一方面河口段河道左右摆动，使三角洲逐渐向海外推进。就近年观测统计，河口三角洲每年扩大约二三十平方公里。

清初靳辅论河口三角洲的发展时说："自宋神宗十年（公元一〇七七年）黄河南徙，距今仅七百年，而关[117]外洲滩远至一百二十里，大抵日淤一寸（？）。海滨父老言，更历千年，便可策马而上云台山[172]，理容有之。此皆黄河出海之余沙也。"①云台山早已和陆地相连接了，何待千年？

清陈世琯论云梯关以下的淤积说：今自关外至二木楼海口且二百八十里。靳辅至今仅七十余年，而淤滩增长一百六十里②。

又前在第四章第二节中，引清范玉琨论海口铁板沙说：自金明昌五年（公元一一九四年），黄河夺淮入海，历今六百余年。从前入海处尚无准确地名。靳辅修堤止于十套。迄今仅一百四十余年，十套以下到海计程二百余里③。

清道光间，敬徵说：开山从前孤悬海外，距灌河口十余里。因历次黄水下注，逐渐澄淤。现在潮河南岸淤滩，潮落时已接开山④。

上述统计多系概数。例如，范玉琨所说的十套，是靳辅筑堤终点，恐非海界。又海岸潮汐上涨，浸入新滩颇远，所谓某地到海若干里，亦难准确。近人统计，利津三角洲平均每年向海外推进零点一三至零点

---

① 靳辅《治河方略》卷一《开辟海口》。

② 《续行水金鉴》卷十三。

③ 范玉琨《佐治刍言·论海口铁板沙》。

④ 《桃北杨工奏稿》，见《再续行水金鉴》卷八十四。

一六公里①。以今日度量标准计，平均每年推进约零点三里，亦即每日推进约一点二三尺。所据资料和统计方法均较前人为可靠。惟河口三角洲的位置与前人所观测之汇淮入海者不同。

三角洲上河道左右摆动的变迁是频繁的。现以山东利津河口在光绪十五年（公元一八八九年）以后的十年的变迁情况为例。光绪二十四年，张汝梅的奏折写道：黄河自铜瓦厢决口，水由大清河至利津铁门关肖神庙入海。至光绪八、九年以后（山东境内运河以东至利津河口间），几于无岁不决。上游愈决，则下游愈淤。海口亦因之高仰。迨光绪十五年，韩家垣决口，张曜遂奏请建筑拦黄大坝，将旧河截断，以韩家垣为入海之路。行之数年，韩家垣又复淤垫。至光绪二十一年，吕家洼决口，大溜旁泄。韩家垣积淤日甚，浅可胶舟。光绪二十三年，北岭、西滩两处漫决，水由丝纲口入海。韩家垣入海之路几至断流。嗣后，西滩渐次淤塞，大溜全注北岭。由于北岭口门至丝纲口入海，计七十余里，均已刷成河身，其势极顺。所以张汝梅建议沿此道筑堤，使河身有所收束，得以逼水刷沙，尾闾可期通畅②。

尚有须加说明者，“光绪八、九年后”，也正是山东西部“障东堤”修成的八、九年后。山东省上段河道修堤之后，水有约束，洪峰下注，初则运河以东多事，继之以河口一带多事。正如张汝梅所说“几于无岁不决”。“上游”指河口的上游，即运河以东河段。至于光绪十五年后的决口陈述，则为河口一带的情况。

至于黄河入海处的淤沙及暗滩情况，清朝多派人查勘。嘉庆八年（公元一八〇三年）十二月，吴璥在海防工地，奉命研究处理海口淤沙。这时黄河南流，由江苏安东[9]云梯关入海。查勘后的报告，陈述治理过程，当时海口情况和建议事项颇详，现摘录如下：

黄河海口淤沙，考之载籍，明潘季驯即有横沙停塞之议。清康熙八、九年，因海口积沙横亘，相传为拦门沙，董安国乃创筑拦黄大坝，而另于云梯关外北岸之马家港开辟新河，去路愈形壅遏。三十八年，张鹏

① 钱宁、周文浩《黄河下游河床演变》。

② 林修竹、徐振声《历代治黄史》。

翮奏明,复将马港口堵闭,拆去拦河大坝,仍由故道入海,题名大通口,即今之归海尾闾。此后七八十年,横沙仍在,河患亦未能免。

乾隆四十一年(公元一七七六年),萨载奉命查勘海口,称海口水中淤有暗滩,与两岸滩坡相连,潮退时水深八、九尺,至四、五尺不等。以后又与高晋会同奏复:潮汐往来,淤沙势所不免。历经黄流倒灌,河道停淤。由通而淤,由淤而通。或淤在上,而下游浅阻,或淤在下,而上游壅盛。一年之内通塞靡常,数载之中变迁莫定。不但海口茫茫万顷,无可施工,即黄河东坍西长,欲加疏治,亦无良策。惟有使清水畅出,与黄水并力刷沙,则黄水不浚自深,海口不疏自治。

乾隆五十一年(公元一七八六年),阿桂会同李奉翰,曾于北岸开挖二套引河,冀其冲刷宽深,由南北潮河入海。因地高土硬,旋亦淤闭,仍由原路归海。此历来海口淤沙屡经筹办之原委也。

由云梯关循河逶迤而行,测量水势。自云梯关至新淤尖以上,河宽一百数十丈,至二三百丈不等,深八、九尺,至二、三尺不等。至新淤尖以下,即系海口,汪洋无际。在荒滩觅草屋栖止。候看潮上时,白气弥漫,津涯莫辨。潮退后,两岸沙滩始能辨别。口门南首有滩约宽四五百丈,名为南尖。北首有滩宽七八百丈,名为北尖。自南尖至北尖约宽一千五六百丈,即黄水出海口门。水底有暗滩与南北滩相连,即所称拦门沙也。潮时南北尖亦漫入水中,潮退后始露出水面。其中间千余丈之横滩,仍系河水由此滔滔外注,水深四、五、六尺不等。测探横滩之外,递深入海,渐不可测。横滩之内,水势自八、九尺,递深至一丈二、三、四尺。此滩形如鱼背,与滚水坝相似。以滩内一丈二、三、四尺之水,仅能于滩脊上过水四、五、六尺,计有七、八、九尺水为滩阻。是积沙拦门,海口高仰之说诚非虚语。但滩下之水虽拦住数尺,而滩上究有四、五、六尺水可过。将来黄水加长,出水亦必随之加多。且宽至一千余丈,以宽抵深,过水亦为不少。询之当地渔户,所言皆同。口门高仰洵属可据。而水仍浩瀚东流亦显可见。尚非竟至阻遏,如传闻之过。

欲使海口深通,惟有疏挑横沙及另筹去路两策。今细察情形,如能将横沙挑除,自属大畅。但潮汐往来每日两次。人夫固不能立足,船只亦不能停留。若用混江龙、铁篦子系于大船尾,抛入水中,潮长则涌之而上，潮落则掣之而下，险不可测，力无所施。是海口非人力所能挑浚，断然无疑。至改道一说，北岸土性胶结，从前所挑之马港河、二套河，俱未能成，旧迹俱在。复查南岸，尽系平滩，亦无建瓴之势。且附近无通海港口，又属难行。

海沙固不能以人力起除，而水力如果涌急，亦未常不可刷动。即如萨载查奏时，已称口门仅水深八、九尺至四、五尺，今仍相仿。且康熙初即以横沙为虑，百数十年来，通塞靡定。若竟存而不去，不知积高若干。是前人束水攻沙之说，究属不易之论。今查海口本即在云梯关下，迨后淤出一百五十余里，至王家港入海后，又接生淤滩四十余里，至新尖以下，始为海口。淤滩愈长，海口愈远。且河身节节弯曲，未免兜水，以致出海无力。此乃壅滞不畅之一病。而南岸之黄泥咀为尤甚。盖黄泥咀纡曲兜湾，形如荷包。周围五十三里，而上下口对直滩面仅四里零。计纡缓十倍有余。溜行无力，沙即易停。是以黄泥咀之上，水势较浅，而下水势较深。是处兜溜缓滞，可以概见。应将黄泥咀两湾相对处挑挖引河，使之取直，自必湍流迅注。又吉家浦、于家港、倪家滩、宋家尖等处，挺出滩咀，溜行纡缓，亦应挑切顺势，庶可迅流舒展。如此因势利导，俾无兜阻，则出海奔腾有力，海口渐掣渐深。虽非一劳永逸之图，尚属补偏救弊之法①。

吴璥海口淤沙的调查记载颇详。但这只是当时海口的局部概况，惜无长期而较全面的调查观测，并且缺乏潮汐、海溜等作用于河流、泥沙的影响等资料。但作为一幅图景，已是难得的文献。

河口三角洲的生成和发展，为黄河的淤积，自无疑议。但亦有不相信河口淤垫者，这里只以明潘季驯的议论为例。

潘季驯在有人说海口沙塞时，辩道："海口既塞，则所消之水何往耶……至云，对口有横沙一段，在四十里外，望之不见。潮长尚可行舟，潮退尚深三、四尺。人言自来如是，并无淤梗。"②这里只就"塞"字作文章，把事情绝对化了。远不如吴璥的调查情况足以服人。看来，仍在

---

① 《南河成案续编》，见《续行水金鉴》卷三十一。

② 潘季驯《总理河漕奏疏》卷六《条陈熟试河情疏》。

为其攻沙的效果作辩解。又说:"海啸之说未之前闻。但纵有沙塞,使两河之水顺轨东下,水行沙刷,海能逆之不通乎?盖上决而后下壅,非下壅而后上决也。"①潘季驯不信海潮壅水的现象,但信水行沙刷,而不论河道的畅阻,水行的疾缓,水量的大小,沙量的多寡。而且言论自相矛盾。如在《请勘高堰疏》说:"海口塞,则下壅上溃",适与"非下壅而后上决"之言相反。这就是固执偏见者所采用的手法。可见,"束水攻沙"的理论没能进一步地发展,没有收得预期成效,也有其思想根源。

清包世臣从另一角度看海口高仰的争论。有人问:"询河壖官吏且数十百人,皆言海口高仰,何吾子言,诘之途人便知不高仰,究诘何人耶?"包世臣说:"海口高仰,则两岸之失守有因,其咎可薄,而改道之邪说可行。失守之获咎可轻,兴工之擅利可厚,且谁肯言海口不高仰,又谁肯信海口不高仰乎……"②包世臣所论自有其见,但不能因此而漠视海口的实际情况,不能因此而否定海口的淤沙。包世臣另有分析河口情况,见本章第三节。

关于河口畅阻的不同意见,在以下讨论治理的建议时尚有所补述。关于整治河口的意见,除前引文献中吴璥、张汝梅的建议外,将于以下各节再分述之。

第二节　挑浚、分泄或改道入海

关于治理河口段的议论,大体上有四种办法,一是疏浚,二是改道,三是筑堤,四是河道整治。和以前所论治河的办法大致相似。也有人认为,如上段河道得治,则河口段可以不治而自治。

清道光年间,琦善、张井等会勘清江浦[116]到海口以后,论及这段河道治法有五:一曰严守闸坝,二曰接筑海口长堤,三曰逢弯取直,切滩挑河,四曰修复浚船,五曰筑平滩对坝。关于浚船疏导之法,说:应即于海口以上,往来试行各种浚导工具。"惟此法可以经久,而欲使一、二年

---

① 潘季驯《河防一览》卷二《河议辩惑》。

② 包世臣《中衢一勺》卷四之附录一《袁浦答问》。

内黄水骤落亦所不能。”①

前节所引吴璥嘉庆年间的奏议，也论及裁弯取直，切滩挑河的办法，但不主张使用挑浚工具。而朝廷则在批示中说：“至混江龙、铁篦子等项，原非施于海口潮汐往来之地。或云梯关[117]上下，河水经行有挟沙停淤处所，亦未始不可用资爬剔。此系前人留遗成法，自属可用。吴璥仍当留心讲求，如有可施用之处，如法制办，究于攻沙不无裨益。”②这种旨意对于统治集团的成员当极有影响。所以琦善等既建议使用浚导工具，但却又不敢肯定其效益，作两可之论。

清末，传教士李佳白建议，用机器挖海口河底令深③。

明朱裳则建议广开入海之路，他说：“往时淮水独流入海，而海口又有套流，安东[9]上下又有涧河，马逻等港，以分水入海。今黄河汇入于淮，水势已非其旧。而涧河、马逻港及海口诸套俱已湮塞，不能速泄。下壅上溢，梗塞运道。宜将沟港次第开浚。海口套沙，多置龙爪船往来爬荡，以广入海之路。此所谓杀其下流者也。”④

明赵思诚也主张多开入海之路，他说：“海口梗塞……关系诚不浅小。故必疾使之泄，其害始息。必多为之委，其泄始易。淮安旧有八口，今止存其一。委既少则流必缓，诚宜早计急图。”⑤李徕也主张“多浚海口以导众水之归。”⑥

关于改道的意见，有的主张在云梯关以下，如吴璥奏议中所述前人所开马家港新河、二套引河等。有的主张在云梯关以上，如明吴桂芳草湾[141]改道的建议。

吴桂芳说：“近年云梯关海口沙壅，水势溯洄，河流渐浅。淮安新城外，河深不过五、七尺。惟清江浦[116]相对草湾地方，地形低下，黄河屡向冲决，欲夺安东县[9]后，迤逦下海。以县治攸关，屡决屡塞，致近年淮

① 范玉琨《安东改道议》卷一《湖河敝败已极设法疏治》。

② 《南河成案续编》。

③ 李佳白《河工策》。

④ 《明世宗实录》，见《行水金鉴》卷二十三。

⑤、⑥ 《明神宗实录》，见《行水金鉴》卷二十七。

黄交溢。去年草湾迤东自决一口。宜于决口之西，王家山之东，开挑新河以迎扫湾之溜。”七月草湾工成，河长约六十二里弱。但九月又大决数处①。

清嘉靖间王家营减坝改道，前于第七章第四节述及。

清范玉琨主张由安东改道，他说：“拟由安东县东门上下，在北面另筑新堤，即以现在北堤改作南堤，相距八里、十里，中间抽挑引河，约深一丈。即由东门以下导河，改由北面傍旧河行走，至丝纲滨以下仍归现在海口。”这样，便可掣落安东以上六十里的御黄坝[148]水面五尺②。这个奏稿是在道光年间代张井所拟。建议虽蒙朝廷嘉许，但以张井已先与琦善会奏开高堰[67]减坝，所以此议未得批准，而张井又以前后主张改变不定，受责。

黄河于铜瓦厢[68]决口改行现道后，于光绪二十五年(公元一八九九年)，李鸿章勘查河工，筹议大治办法。关于疏通尾闾，建议改走铁门关[144]故道，说：“至下口入海尾闾，尤关全河大局。现在水行丝纲口入海，去路偏向东南，形势不顺。而汪洋无涯，人难立足，筑堤无法施工。既无以束水攻沙，故不免下壅上溃。今勘得铁门关故道尚有八十余里之河形，愈下愈见宽深，直通海口。形势较丝纲口、韩家垣两处之路为顺，疏筑之功亦较两处稍省。然建拦河坝一座，挑引河三十余里，筑两岸大堤八十余里，所需工费颇巨。惟是下口不治，全河皆病。”③

光绪三十年六月，利津薄庄决口。山东巡抚周馥说：水下行四十里，入徒骇古黄河，又六十里达海。他认为“较从前河由铁门关、韩家垣、丝纲口三处入海加倍畅达。乃知此路地势低洼，水争趋之，非人力所可挽回。与其逆水之性，耗无益之财，救民而终莫能救，不如迁民避水，不与水争地，而使水与民皆各得其所。”三十一年新筑堤工完成，据说数年无事④。

---

① 《明神宗实录》，见《行水金鉴》卷二十八。

② 范玉琨《安东改道议》卷一《熟筹河工久远大局奏稿》。

③、④ 林修竹、徐振声《历代治黄史》。

第三节　筑堤导河归海

有的人反对挑浚河口、另辟河口或改道，而主张筑堤导流。有的虽主张改道，但仍应筑堤。大都遵循以堤束水、以水攻沙之说。

明佘毅中等认为，海无可浚之理，惟当导河归海。他说："水性就下，以海为壑。向因海壅河高，以致决堤四溢，运道民生胥受其病。故今谈河患者皆咎海口，而以浚海为上策，则诚然矣。第海有潮汐，茫无著足，不得已而议他辟。岂知海口视昔虽壅，然自云梯关四套以下，辟(阔)七、八里，至十余里，皆深三、四丈不等。纵使欲另开凿，必须深阔相类，方便注放。则工力艰巨，必不能成。矧未至海口，乾地尤可施工，及将入海之处，则潮汐往来，亦与旧口等。且海之旧口皆系积沙，人力虽不可浚，水力自能冲刷。乃若新辟之地，则土壤坚实，不特人力难措，而水力亦不能冲。故职等窃谓海无可浚之理，惟当导河以归之海，则以水治水，即浚海之策也。"①

潘季驯也反对另辟海口，认为工很艰巨，且难持久。他说："若欲另凿一口，不知何等人力，遂能使之深广如旧。假令凿之易矣，又安保其海之不复啸，啸之不复塞乎？旧则塞，新凿者则不塞，非驯之所解也。"②他主张藉清刷黄，说："况云梯关外海口甚阔，全赖淮黄二河并力冲刷。若决高堰，清口[102]必淤，止余浊流一股，海口必塞。海口塞，则下壅上溃，黄河必决，运道必阻，此前岁之覆辙也。"③这是在反对常省三欲毁高堰的奏疏里说的。

潘季驯也反对浚海口，说："海口为两河归宿之地，委应深阔。但查海口原身，自清口至安东县面阔二、三里，自安东历云梯关至海口面阔七、八里至十余里。深各三、四丈不等。止因去年旁决之后，自桃[6]、清[7]至西桥一带淤塞，寻复通流。今虽未及原身十分之一，而两河之水

---

① 佘毅中等《两河情形详文》，见张希良《河防志》卷十。

② 潘季驯《河防一览》卷二《河议辩惑》。

③ 潘季驯《河防一览》卷九《请勘高堰疏》。

全归故道并流，洗刷深广必可复旧。至云，相传海口横沙并东西二尖，据土民季真等吐称，并未望见。潮上之时，海舟通行无滞。潮退，沙面之水尚深二尺。况横沙并东西二尖，各去海口三十余里，岂能阻碍河流。故臣等以为不必治，亦不能治。惟有塞决挽河，沙随水去，治河即所以治海也。别凿一渠与复浚草湾，徒费钱粮，无济于事。”①

清靳辅反对挑浚河口，而主张挑引河以导其流，并以挑河之土筑堤逼束水流。他说：“自河道内溃，会同（按：指黄淮合流）之势弱，下流不能畅注出海，而海口之沙日淤。海口淤而上流愈壅，以致漫决频仍。凡议河者莫不力言挑浚，而不知其势有必不可者。何也？挑浚之口最狭亦须宽至里，深及丈，方可通流。以土方算，授工计万夫，三日之力不及里之一分。且渐近海滨，人难驻足。加以滔天之潮汐，一日再至，不特随浚随淤，尤恐内水未及出，而潮水先从之而人矣……爰是，自清口以下至云梯关三百余里，挑引河以导其流，于关外两岸筑堤一万八千余丈。凡出关散淌之水，咸逼束于中，涓滴不得外溢。从此二渎就轨，一往急湍，冲沙有力。海口之壅积不浚而自辟矣。”②

又说：“今日治河之最宜先者，无过于挑清江浦以下历云梯关至海口一带河身之土，筑两岸之堤也。查清江浦以下河身原阔一、二里至四、五里者，今则止宽一二十丈，原深二、三丈至五、六丈者，今则止深数尺……况用水刷沙即曰（可）不必挑浚，而束水归槽则又必须筑堤。既筑堤矣，与其取土于他处，何如取土于河身，寓浚于筑，而为一举两得之计也……臣闻治水者必始自下流，下流疏通则上流自不饱涨。故臣又切切以云梯关外为重，而力请筑堤束水，用保万全。”③

范玉琨同意靳辅的意见，说：“不守海口则归海无力。归海无力则沙易停淤。于是隐沙易聚，始积而为洸滩，再积而为平滩，再积而为苇地，再积而成膏腴之地。如云梯关以外之二百余里，皆由此积聚而成也。假使自云梯关以外，遵文襄公（按：指靳辅）之议，筑堤坚守而不退

① 潘季驯《河防一览》卷七《两河经略疏》。

② 靳辅《治河方略》卷一《开辟海口》。

③ 靳辅《治河方略》卷五《经理河工第一疏》。

让,则水深可自五、六丈至十余丈。激流东趋,铁板沙何由而聚?即潮汐逆流,水沙停聚,亦不过在中泓两边。其海口中泓之水当亦必深至三、五丈。铁板之名亦无由而起矣。”①

范玉琨又分析河口淤积的原因,并提出治理的意见,说道:一由屡经漫溢,沙积河身;再由屡放闸坝借黄济运,流缓沙停;更由抛填碎石(按:指保护埽工的碎石),使水不能刷深,侵渐淤垫(按:对此意见有争论,见第六章第四节)。并认为,欲去其病专在刷沙。所以主张按靳辅办法筑堤束水,并修埽工、对头坝工,设备浚船等②。

包世臣分析河口情况,并提出治理意见,他说:“不稽前贤之成绩,不察现在之情形,谬为铁板沙、拦门沙可骇之说。又谓海潮上下,河水不敌,以致淤垫,因有别改海口及修复爬沙船、混江龙等议。夫改海口之说,潘氏(按:指潘季驯)已详言而力排之。今昔一理,无容赘辩。至爬沙等船,乃文襄(按:指靳辅)之舛议。铁板、拦门之名,自前明嘉靖之初已见章奏。若果系铁板,则当横塞关门,何以竟随水下徙耶?盖河水下注,海潮上溢,于口门一顶,则潮水锐而中行,黄河曲而两股。黄潮交汇之处,中聚沙停。此不必海口为然也,凡山河入江之处皆有之……

“见潮落之时,拦门沙面水色深白可辨。去口门尚有二三十里,与潘所言不殊。夫河流入海,而沙在二三十里之外,其不阻大溜也明甚。诚培旧有之堤,接长至逼海软淤二十里为止,则河力聚,而海潮上泛河溜仍自下行,冲刷底淤。不至为今之潮旺时,河水倒流百里,致上游水立矣。”③

又说:“筑堤束水,即神禹之所谓导也。潘氏筑遥堤二十万丈,而河患息矣(按:实为夸大之词)。靳公接筑云梯关外淤地七十余里,而患又息(按:也是夸大之词)。此前车之师矣。但靳公接筑之堤,自高文端(按:指高晋)以关外无人烟入奏,遂罢修防。其堤既不整,偶有缺处遂成漫溢,水多旁散……似宜全修旧有之堤同于关内,而接长至逼海

① 范玉琨《治河刍言·论海口铁板沙》。

② 范玉琨《治河刍言·又禀》。

③ 包世臣《中衢一勺》卷一《筹河刍言》。

软淤二十里为止。则河力聚，而海潮上泛河溜仍自下行，冲刷底淤，日刷日深。”①

铜瓦厢[68]决口改道后，也多有束水攻沙治海口的主张。叶锡麒说：“目下河身之病在窄，海口之病在宽。前人束水攻沙之法本指海口为言（按：潘季驯等攻沙之说并不专为海口）。今之治河身者，争欲筑埝以束水，而治海口者，转听其散漫焉。何其大相剌谬也。”②

光绪二十五年，李鸿章建议河口改道并筑堤，前已引述。同年，山东巡抚毓贤也建议筑堤，并用桩硬镶。他说：“查尾闾之害以铁板沙为最。全河挟沙带泥，到此无所收束，散漫无力。经以风潮，胶结如铁，安望通畅。流之不畅则出路塞，出路塞则横溢多，故无十年不病之河。现拟建筑长堤，直至淤滩，用桩硬镶，如水中作工之法。再设法防护风潮。即不能径达入海，而进一步多收一步之益。”③

西方传教士李佳白建议用木石作坝，修入海中。他说：“于海口左右，用木石作坝，修入海中一、二里许，以速其下泻之势，则入海之处，泥沙不得停而水深。”④毓贤所议用桩硬镶之法，也可能受外来治理河口方法的影响。

但也有主张河口不修堤的，如清乾隆间，高晋奏折写道：“至关外，南岸至皂工尾，北岸至六套，俱芦苇荡地，离海甚近。间有樵采渔户散处其间，亦迁徙无定。旧制本无堤岸，因一望平滩，水易散漫。曾设卑矮土堤约拦水势，与关内紧要堤工形势迥别。每年汛水长发，海潮倒漾，出槽漫滩，内外皆水，无关紧要，自不应与水争地，无事生工。”至于帮修旧堤，则认为，“海滩地面埽工难期稳固，实属无益……与其筑堤束水致生新工，不若让地与水以顺其性。”⑤朝廷批准这个意见，认为

---

① 包世臣《中衢一勺》卷一《策河四略》。

② 叶锡麒《观河存稿》。

③ 林修竹、徐振声《历代治黄史》。

④ 李佳白《河工策》。

⑤ 《南河成案》，见《续行水金鉴》卷十五。

"云梯关一带为黄河入海尾闾,平沙漫衍,原不应设立堤岸与水争地。"①

明清对于治理河口,尚无成功的经验。

河口一带筑堤束水,固有利于刷淤,而软淤嫩滩难以筑堤。如采用排桩填石办法,于水中修坝,固可上与堤接,下入于海。但河口延伸甚速;且黄河口也非重要通航港口,筑坝入海也是不易实现之事。且河口一带人口极少,即使堤能修成,亦难于防。修堤而不事防守,溃决必较上游更为频繁。决而改道的可能性亦比上游为大。所以,仅为冲刷河口的浅滩及拦门沙而修堤坝,是否恰当尚应研究。当然,在人口已聚、生产日繁之区,则又当别论。至于在无堤地段的荒滩上有计划的改道,既可以畅流,又可以引导造陆的发展,或属可行。但若把河口以上数百里堤防的安全寄托在河口的畅通上,如明清有些人所设想的那样,则难肯定。而河口淤沙影响宣泄,河口延伸减小坡降,都是实际问题,也是今后要进一步研究探索的问题。

明清在河口治理的议论中,对于河口的淤塞或畅通既有不同认识,对于潮汐海溜的作用又多臆度之词。既然不了解河口一带的实际情况和水流规律、潮汐影响,则对于河口治理的建议必失之空洞,措施亦必少有成效。

① 《纯皇帝圣训》,见《续行水金鉴》卷十五。

第九章　调整河槽的措施

明清治河但讲堤防,对于调整河槽则缺乏深刻的认识。不过在措施上,有的则起到调整河槽的作用。

筑堤所以拦约河流,使洪水不至泛滥,两堤之间便成为洪水河槽。其中尚有一深槽,也称主槽,是宣泄中常洪水或一般水流的河槽。所谓调整河槽,主要是指对主槽的调整。因自然的流势,施必要的工程,使之成为较规则、固定的河槽。大水漫滩时,由于有了调整河槽的工程、有了险工的防御工事,主槽不至有较大变化。换句话说,调整河槽的措施可以减小河槽左右摆动,可以控制深浅冲积的趋势,以期有个比较合理而固定的主槽。这样,不止险工易守,上提下挫的新工减少,而主槽也可能减缓淤垫的速度。其结果,也可以改善航运条件。

明清的防险措施,如包滩、对头坝、挑坝、裁弯、堵串沟、挖引河等工,用之得当,即能起调整河槽的作用。所以特为专章论述。

第一节　包滩和对头坝

包滩是护滩的工作,也就是防守前缘阵地,使主槽不至近堤的工作。从另一方面说,河道的左右摆动大都由于塌滩,一岸若塌滩着溜,对岸即生滩离河,这是河道摆动的一般现象。

清刘成忠论包滩之法说:“遍查成案,见乾隆、嘉庆时有包滩下埽之法。凡大溜塌滩,滩虽塌而堤尚远者,即于堤外下埽包滩。虽不如引河之能改河溜,其为御之于境外则一也。开河难而守滩易……滩苟不去,堤复何患哉!”又说:“况今日之河与古尤异,上滩之时少,塌滩之时多……此今日之河,所以必以守滩为要务也。守滩之法,用埽不如用坝,或石或砖,皆足弭患。”[1]

守滩是一种好办法。诚如刘成忠所说,埽不如坝。而砖石等工既不能推行,如前章所论,筑坝守滩之说也就比较难行了。

对头坝虽不是守滩措施,而于滩上做坝,两岸相对,可以控制河槽,即前人所谓使河走中泓,刷深河槽,也有固滩定槽的作用。

清范玉琨论对头坝说:“参用对头坝工,使之逼溜刷沙,淤去而河自深。然与堤头接筑必致阻遏水势,转成大患。今拟就河宽处所,从滩上筑做对头坝,止与滩面相平,斜向下流,不必接连堤根致阻水势。由浅而深,一面用柴一面用土。浇筑至土不能浇,然后全行用柴进占。先于海口以上淤垫之处察看形势,或间四、五里,或间十余里,节节厢做,由上而下,鳞次栉比。总以坝头刷深至四丈为度。则底淤虽深,冀河渐次刷透。”“此项坝工冬初筑成,束逼半年,至伏秋大汛时如长水不大,并未出槽,其刷沙之力更猛。如盛涨普律漫滩,即应听其漫过。倘有刷塌段落,或竟全行冲刷,或河又改行坝后,均应免其着赔(按照旧例,创修工程如在第一次伏秋大汛期间冲毁,负责人应赔修)。次年查看情形,或有可守,旧坝止须加高接长,或又串走新河,应须另筑,均于霜降后勘明办理。迨河底刷深,止须专用浚船往来疏导矣。”[2]

上述对头坝的建议,原为刷深海口段河槽,其设计原则也只以此为据。但从滩上筑起,高与滩平,不阻水流,颇合乎泄洪保滩的原则。范玉琨对于这项工程更有较为详细的陈述,说:修筑在霜降到冬至间进行。两岸对做柴坝,斜向东方,不可太兜,也不可太斜,作虾须状。从一、二尺浅水,两岸各做到一百二三十丈,水深可有两丈。自冬到春坚守,遇蛰即加,愈刷愈深,愈为得力。一交桃汛,可听其刷去。所以修坝不可用绳缆,以防刷塌不净。又说:即使不能刷尽,遇有盛涨,底有深槽,其冲刷之力更为有益。水未出槽何能逼锁?水已出槽则平滩皆有漫水,流行宽广,何有于坝耶[3]?按后两句是对于反对筑对头坝者的

① 刘成忠《河防刍议》。
② 范玉琨《安东改河议》卷一《熟筹河工久远大局奏稿》。
③ 范玉琨《佐治刍言·论对头坝》。

解答。

范玉琨所论的对头坝，主要是为了刷深海口段河槽，不专为护滩，而关于对头坝修筑的一些问题却都暴露出来了。例如，若坝工远离堤身，设河滩为串沟所冲，则坝工与堤隔离，成为孤岛。交通隔绝，难以防守。若坝工与堤相连接，而坝体的高度仅与滩面平，如遇汛涨漫滩，交通亦将隔绝，坝头无法防守，可能冲毁。设若坝体高于滩面，固可以作为防汛运料道路，但又将阻碍水流，壅高水位，减少河槽泄洪容量。如若这些问题得不到适当解决，对头坝亦将难以推行。范玉琨的建议似属于临时性的工程，自当别论。若修筑石坝，从堤脚到滩头，高与滩平，连筑数道，既不虞冲毁，而保滩的效果亦好。

清包世臣说："黄河之淤非人力所及。法惟相度水势，槽宽溜缓之处，镶做对头束水斜坝以逼其溜，使冲激底淤。节节逼之则淤随浪起，而淦更重。淦重则积淤更易刷矣。"又说："对头坝施于滩唇。坝入水而溜起，溜起坝蛰，或随蛰随厢，或听其蛰走。则相机乘势，无可言诠。是亦至粗而至微，呼吸之间胜败顿判者矣。盖非对不能逼溜，非斜不能导溜。不可太长，不可太高。务使埽眉迎淦而籖头翻转，不为老滩之害则得之矣。"①包世臣所论只在滩唇修筑，又与范玉琨所论者不同。

清刘鹗论对坝说：善后之事"莫急于平河底也。河底常有两头皆深中间独浅者，名曰中梗，为害最巨。大汛一至无不旁溃。宜效嵇文敏公（指嵇曾筠）对坝之制，其法至妙。世称白堤嵇坝，颂其功也。"又引包世臣的话，说明有冲激底淤的作用，认为中梗可平②。

由上述可见，对头坝的作用主要为冲激底游，刷深河槽。但若用之得当亦可固滩定槽。

第二节　逼溜挑坝

清康基田论述黄河采用长挑坝的历史时说，康熙年间，"张鹏翮面

① 包世臣《中衢一勺》卷二《坝工》。

② 刘鹗《治河五说》。

奉圣谕，黄河鸡咀坝（又写作矶咀坝）太短，不能逼溜，应照永定河修长。令试做免赔，而人始勇于从事。于是险工争立挑坝，雁翅、护崖诸埽以次如式并进，而工稳矣。一工稳而各工相视，踵成法为之，而澜安矣。”

还说：“按挑溜擗水之法，自宋以来皆用之。而往往奉行不力者，惮于任事也。挑坝矶咀太短，则不能引入深水，难以逼溜。若竟加长，接溜太近，既恐靡费不赀，亦虑水长易坏。此所以因噎废食，而不得其用也。堤埽坐当大溜，建挑坝以抑之，使坝迎溜得力，则溜开而埽轻。如对岸沙咀过长，犹必挑引河以杀其势，顶冲险工始平。”①

嘉庆年间，百龄、陈凤翔论挑坝不宜过长，以免彼岸生工，认为挑水坝“既可挑溜使入中泓，而大堤可护，又能挑逼水势使之奋迅急流，流急则自能攻沙。洵为治河保堤之要求，其法行之已久。惟徐城以上河滩尚宽，以下滩窄堤近，恐此岸避险而彼岸又复生工。是以筑坝不宜过长。向来只于埽工顶冲迎溜处所，筑做大埽一、二段，谓之迈埽，使之遮盖迤下各埽，免致段段着重。即前人挑水坝之意，俗称当家埽是也。现在各厅俱已照此办理。臣等仍随时相度形势指示安设，方可挑溜护堤，各使位置得宜，断不使有益于此岸，而贻害于彼岸也。”②实际上，百龄等是建议以迈埽代挑坝。由于长坝是朝廷的指示，所以必先承认挑坝的功能。而当时所建的挑坝大都在徐州以下，或已引起左右岸的矛盾，因而改用迈埽。如百龄等所说，“现在各厅俱已照此办理”，长坝大概已停用了。

光绪年间，梅启照论挑水坝不利，说：“若河面本狭，南北岸各厅皆挑坝以逼大溜，当其挑成之时，非不立见速效，化险为平。然南岸挑之则逼溜使北，北岸挑之复逼溜使南。日积月累，河愈逼而愈窄，溜愈激而愈怒。本以求顺轨之方，而反增溃堤之患。”③

同时，吴大征则盛赞坝工的效益，说：“筑堤无善策，镶埽非久计，

---

① 康基田《河渠纪闻》卷十七。

② 《南河成案续编》，见《续行水金鉴》卷四十。

③ 《经世续编》，见岑仲勉《黄河变迁史》十四节。

要在建坝以挑溜,逼溜以攻沙。溜入中洪,河不堤(埽)则堤身自固,河患自轻……咸丰初,荥泽尚有砖石坝二十余道,堤外皆滩,河溜离堤甚远。”①梅启照所论乃就窄河段而言,恐其逼激怒,而吴大征似就河南省宽河段立论。

刘成忠论坝工说:“挑溜固堤之方,莫善于坝。”又说:“欲水之归槽,则筑长坝以逼之,欲河之中深,则作对坝以激之。”②

包世臣论挑水小坝的作用,说:“自缕堤[177]多废,而河身始有坐湾。一岸坐湾则一岸顶溜,两处皆成险工,岁费无算。宜测水线得底溜所值之处,镶做挑水小坝,挑动溜头,使趋中泓。而溜头下趋之对岸,复行挑回。渐次挑逼,则河槽节次归泓,而两岸险工可以渐减。”③

乾隆五年,于清口[102]以木桩建长坝,名木龙,以挑北岸陶庄沙滩。连建三架,又于王家庄建二架。高斌的报告说:“效力州同李昞禀称,能造木龙挑溜。请于南岸设木龙数架,则大溜自可挑开,多趋北岸,功效甚速。臣随将现存各厅备用桩运集,置办篾缆工料,雇募簰师,令李昞试造木龙一架。即在清口迤上御坝下,捆扎木龙长三十六丈。又于头上扎龙盘十七丈。自安设以后,黄河大溜竟趋北岸。臣见已有功效,审察情形,一龙之力尚不足以远挑黄溜,尽使避南趋北,应再设木龙以相关应。又于前次所做木龙迤上,加造二架。又于王家庄建造二架。共建木龙五架,龙盘一架。自建设以来,历经三汛,黄河大溜尽趋北岸。陶庄沙滩,旧宽一百九十余丈者止存九十余丈,已渐次刷去一百余丈。其南岸头、二、三坝,旧称险工,今俱淤闭,埽外成沙滩宽三四十丈至一百七八十丈不等。黄河中泓现行陶庄引河之旧址。清水出口较前甚畅,会黄东注入海。”④据称,料用银二万一千七百余两,工用银六千一百余两。一、二、三坝每年岁修费五六千两,抢护费不计。

乾隆十五年,高斌报告在十四年查勘木龙的情况,说:“复细察情

---

① 《清史稿·河渠志》,见岑仲勉《黄河变迁史》第十四节。

② 刘成忠《河防刍言》。

③ 包世臣《中衢一勺》卷一《策河四略》。

④ 《南河成案》,见《续行水金鉴》卷十一。

形，清水出口回溜北趋木龙迤下。黄流间有沙淤，旋被刷去，不能停留。必须将清水回溜拦隔，不令南岸上行。其木龙下再添木龙，使黄河大溜直逼陶庄积土，方为有益。随经奏明，添筑顺黄、拦清坝各一道，俱加帮雁翅。又于木龙下尾，接筑拦截回溜草坝一道。今清水回溜已远，而黄水回溜渐漫淤新滩，长五百余丈，宽八九十丈不等。其陶庄积土渐次冲刷。"①

乾隆十一二年间，也曾于王营、安东[9]、烟墩、孟城庵设立木龙。所用木料，原拟工竣仍可拆卸另用，嗣因功效全在停淤，已经淤起沙滩，著有成效。木陷沙中，深埋入土，一经刨挖，势将引溜刷滩，前功尽弃。报请分别估销。

乾隆十六年（公元一七五一年），工部查询木龙效果及用费。黄廷桂、高斌奏复，木龙较筑坝下埽为省，工效亦好。这时皇帝南游，曾亲视木龙。

乾隆三十年（公元一七六五年），南游，乾隆帝指示清口四架木龙以下与陶庄积土相对再添一架。建木龙长五十丈②。

看来，所建木龙挑溜效果并不好，而淤滩效果甚著。所以在乾隆四十二年又开陶庄引河，放水后冲刷宽深，形势很顺③。

第三节　堵塞串沟

串沟是在河滩上与正河并行的泄水沟道，有时也称支河。有的顺堤成沟，有的成为岔河。有的只在汛涨漫滩时走水，有的平时也走水。如不及时堵塞，串沟一旦掣溜，则大段平工变险。此外，堵塞串沟也是维持河槽完整的一项工作。

清陈潢说："河身上下，凡有支河（即指串沟）之处，宜水势稍落之时，饬行尽数堵截，永断其流。务使水归正河专力攻河，则河自能深通，

① 《南河成案》，见《续行水金鉴》卷十二。
② 《南河成案》，见《续行水金鉴》卷十五。
③ 《纯皇帝圣训》，见《续行水金鉴》卷十八。

可免泛滥之虞，此河不两行之法也。尤可喜者，支河一经堵断，则大河漫溢出槽之水，不过蔓延灌注，积聚于土坝之内，不能成流汕刷堤根。及至盈科后，反水涸泥好，即便淤成平陆。谚云，宁可堤根长沙丘，不许堤根水成流是也。"①

清白锺山说："豫、东黄河两岸堤外沙淤老滩（指临河滩），土本虚松，每遇汛水涨发，漫滩而上，其低洼处往往刷成支河，引溜注射大堤。若不于冬春水落归槽、滩地干涸之时，及早筑坝堵塞坚实，则一经水发即由支河分流四出，蜿蜒弥漫，汕刷堤根，旁溢滩地，为害甚巨。从前堤工漫决多由于此。"②并列举乾隆十六年及十八年阳武决口，二十一年江南[156]孙家集之工，皆因滩地支河而起，因之请定劝惩之法。

清康基田说："明时潘宫保（指潘季驯）塞崔镇[118]决后，首筑丰、砀北岸千有余丈跨压沟漕之坝。彼时黄村以上尚未筑堤，滩面冲出顺堤沟漕，东西直走，形如川字。非筑长坝断截、逼溜归中，坝头之沟水仍可串归堤根。靳文襄亦于补筑李楼大堤后，急治北岸之顺堤河，筑坝堵塞。今坝子头村乡老犹能言其处……滩上之沟槽积微成巨，沿堤顺下刷成顺堤河，为患尤烈。防患以筑坝堵截为上。顾有谓坝不宜长，惧与水争地。亦有谓坝不宜高，惧壅溜致急。是未悉情形之大变、今昔之异宜。如堤距河十余里，滩宽沟必多。筑此遗彼，通一线而全局皆动。沟多则力亦大，汇流归一而势愈急。必用长坝以抑其势，使行溜之沟不能通气。滩上游缓散漫之水，用以填淤。曩时，河深滩低，高于内塘不过二、三尺，黄水平漫而入，坝高滩面四、五尺即可堵御。今河心日高，河岸倍加淤高。水盛则漫坝而过，渐至掣溜，必须加筑高宽。大沟掣溜更速，坝外再加防风，慎重保护，犹不能必其方全。而顾摭拾陈言，为不知痛痒之说，难矣。近时南北连年有事，皆坐此病。"③

清栗毓美以砖块堵串沟，为用砖的创始。道光十五年，栗毓美周历南北。时北岸原武汛串沟受水已宽三百余丈，行四十余里，至阳武汛沟

---

① 陈潢《天一遗书》。"科"通"窠"。

② 白锺山《豫东宣防录》卷二。

③ 康基田《河渠纪闻》卷二十三。

尾复入大河。又合沁河及武陟、荥泽诸滩水，毕注堤下。两汛素无工，故无秸石等料物。堤南北皆水，不可取土筑坝。栗毓美即收买民砖，于受冲处抛砖成坝。四十余昼夜，成砖坝六十余所。坝始成而风雨大至。支河首尾皆决开数十丈，而堤不伤。由是知砖之可用①。

可见，大都认为串沟应当堵塞，只是在堵塞方法上或有不同意见。

第四节　裁弯引河

河本多曲，但过曲则易生险。因之，河流应有适当的流线以顺其自然之势，而勿悖其冲积之性，使河槽日益修整，险工日益巩固。古人对于河道曲直亦多争论，且走极端，或只从概念出发。清康熙年间曾颁发指示，主张使水直行刷沙，因之开引河裁弯者特多。

明万恭认为，河道应保持弯曲，说："若恶其扫湾必导之使直，是欲直肠胃如管达膀胱也。岂徒人力不能之，倾宕急泻是谓敝河。故大智能制河曲、不能制河直者势也。"又在论堤时说："曲者多费而束水则便，直者费省而束水则不便。"②

康熙三十八年三月初一日，皇帝看完河工，对大学士说："朕欲黄河各险工顶溜湾处开直，使水直行刷沙。若黄河刷深一尺，则各河之水少一尺，深一丈，则各河之水浅一丈。如此刷去，则水由地中行，各坝亦可不用。不但运河无漫溢之虞，而下河淹没之患似可永除矣。"下河指江苏江北运河以东地区。四月二十七日又指示："这黄河弯曲之处俱应挑挖引河。"于成龙奏称，徐州杨横庄一带弯曲已行挑挖，其各险弯曲之处容陆续挑挖。指示说："是，凡有弯曲之处俱各挑直。"③这即当时的所谓"圣旨"，只有照办。

嘉庆年间，松筠与徐端对于黄泥咀、俞家滩二处取直效果有争论。上述地近海口。松筠说："二处逢弯取直，致水性纡缓，转致停淤。"建

---

① 林修竹、徐振声《历代治黄史》卷五。

② 万恭《治水筌蹄》。

③ 张鹏翮《治河书》，见《行水金鉴》卷五十二。

议修复如式。徐端在奏复中,除引用康熙年间的指示外,又引嘉庆对松筠奏文的批语:“此论甚是。北河形势则不然,若河太直虑其一泄无余。若以入海之情形而论,河道似宜直。直则建瓴而下,曲则停淤。”接着,徐端表达自己的意见说:“黄河自豫、东至江境海口千数百里。其间曲直相间,随时变迁不知凡几,乃河自然之势,固不能使曲者皆直,亦不能使直者尽曲。然此千数百里中,或数里一曲,或十数里一曲,不过扫湾而行,形势仍属舒展,并不兜裹。”在叙述有争论的二处情形时说:黄泥湾周围长五十三里,对直挑通仅长四里。俞家滩周围长三十余里,对直挑通仅长六里。又说明挑通后水流如何通畅。并说,陈家浦、马港口漫溢并非由于此二处取直所致。嘉庆皇帝最后的判定是:“即照徐端等原议取直挑挖矣。随弯取直之论,自圣祖仁皇帝(指康熙)时已明颁训谕。即前任河臣,如靳辅、张鹏翮等,亦皆敬谨遵办,并非吴璥等创为此论(上述二处开直是吴璥、徐端同办)。松筠自系听他人怂恿,未经熟悉全河形势,亦未详查旧案,率为此奏。不独挑复旧河弯曲处所虚靡帑银九十余万之多,且舍直取曲亦断无此事。”①从这段公案,可见当时开挖引河趋势的一斑。

清范玉琨论清水虽曲无停淤之患,而黄河则不同。他说:“黄河易曲,流行使然。盖天下无水不曲,从无数千里直泻之水也。惟清水虽曲无停淤之患。黄水遇曲则不得平地就下之势。除曲处稍深外,其向南向北横流之水浅不过数尺至丈余。携带泥沙必至日增淤垫……辄宗逢弯取直之法,切滩挑河,使其不生险工,或有已生险工,亦可改避淤闭。”并主张裁弯应先自海口做起。若为避险节费,也可择地选办,但是泥沙难以挟带入海,“不过使上弯之沙聚于下弯耳。”②

清乾隆年间,鄂尔泰历述裁弯成效,说:“历来河官,于顶冲迎溜惟以堤埽为急务。殊不思凡抢埽时水必顿长数尺,凡加堤后溜必更逼堤根。一经弯处取直则大溜自平。洼处放淤则顶冲立退。今河臣高斌办理已有成效。如邳睢厅张家瓦房,于十家湾开引河一百七十丈,旧河二

---

① 《南河成案续编》,见《续行水金鉴》卷三十七。

② 范玉琨《佐河刍言·论逢弯取直》。

十余里淤为平滩,省最险埽工三百余丈。睢宁房家庄开引河二百九十丈,旧河十余里皆成淤滩。迤下赵家庄省险工埽坝二百余丈。肖砀厅沿河集新挑引河四百余丈,近岸河身即淤闭十余里,埽坝永可不用。"并列举拟开引河的计划①。

清乾隆年间,尹继善等议切滩开引河案,说:"铜沛、邳睢、宿虹[154]各厅所管河道内多有曲折大滩,或近南岸,或近北岸,或横中间。沙滩日淤日积,河道日浅。一遇大汛,盈堤拍岸,如患匪细。亟宜乘水落滩,现时通行查勘。应切滩咀者,切去以顺其势。应开引河者,即遵照皇上张工引河之法,抽挑引渠,导溜归中。俟水长开放,则借水刷沙,愈宽愈深,大溜直走中泓。可省两岸埽坝之费,并免逼溜偏趋、奔突冲激之患。"②

嘉庆年间,百龄、陈凤翔议切滩抽沟,以逢弯取直,说:"但抽沟取直,必须挑挖新河,宽深过于旧河,方能挽之舍彼而就此。江境河长千里,险工林立,若能处处抽挑固为至善,而所增繁费未免过多。现只可择兜湾最险之处,相机抽切,以引其流,而杀其势。所费无几,亦可渐收挽险就平之益也。"③

陈潢说:"黄河扫湾之时,对岸必有沙滩。滩在北则南地险,滩在南则北地险。治之法,除险处做矶咀坝、下护埽,并创筑裹、越(均指堤)之外,救急之善,莫过于沙滩之上挑挖引河,为效甚速。且河成之后,险亦永平,诚一劳永逸之计也。然挑之倘略有未安,则靡费正复不少。"④这是说,计划不当便造成浪费。

刘永锡认为江南[156]不宜引河,说:"如挑挖引河,救扫湾之善法也。河、东两省地势宽阔,土脉虚松易于冲刷。故逢弯取直,挑挖如式,开放中窍,引河最为有益。江南土脉坚硬,河崖尽属胶泥,且多系缕堤[177],滩形不致过为曲折。即开挖引河,不能随势利导,冲刷宽深。所以有十河

---

① 《河南开归道册》,见《续行水金鉴》卷十。

② 《南河成案》,见《续行水金鉴》卷十三。

③ 《南河成案续编》,见《续行水金鉴》卷四十。

④ 陈潢《天一遗书》。

九不成之说。此宜于北而不宜于南也。”①刘永锡阅历河干在雍正年间，他的议论和以前的康熙指示、乾隆间鄂尔泰的报告迥不相同，而彼时的裁弯却大都在江苏境内。

同样，乾隆初年的陈法对于引河也采取怀疑态度，说：“引河以避险是矣。然亦只可行之于两堤稍宽之处，未有于堤外开河者。且河或不成，费无所销。故往往畏而不敢为。又引河之尾所值之处河复近堤，是避一险而又生一险也。且数开引河则河流益直，直则刷沙无力，而河身益淤。此隐患之难知者也。”②“直则刷沙无力”与主张开引河的“使水直行刷沙”之论相反。

铜瓦厢[68]决口改道后，朱采也不同意裁弯取直，说：“河性溜势亘古不变。今年直而明年弯矣，再数年而弯如故矣。是取直之说只行于一时。”③

刘鹗则认为河宜弯不宜直，引河且多败，说：“河能弯不能直也。河弯则水有所消息而流匀。河直则水泄太急，水泄太急则其来易涨，其去易淤……黄河不能有湖也，有湖淤亦满之。故藉弯以消息其水，亦湖之理也。故曰，能弯不能直，然亦不能使之直也。如去年所挑逢弯取直之引河，未有不淤满者，是其证也。”④

雍正初年，嵇曾筠在河南省境内开了三条大引河。在论挑引河时说：“从来黄河夏月走滩，冬月行湾。每岁冬初及春，河流类皆扫湾回溜，侵刷堤根。水缓沙淤，滩形渐长。如水射北则滩在南，水射南则滩在北。此一定之形势也。至夏秋水长，河势浩瀚，前此侵刷之处遂成顶冲。当此之时，必须于险处做矶咀，下护埽，并创筑月堤以保固万全。但河势弯曲太甚，渐成一往之势，恐滋涨漫之虞。万不获已，计莫善于开引河，为效既速，且河成之后化险为平，诚一劳永逸之计也。但贵乘时，尤宜审势……是河头既有吸川之形，河尾尤贵有建瓴之势，断断不

---

① 刘永锡《河工蠡测》。

② 陈法《河干问答》。

③ 《再续行水金鉴》卷一百五十五。

④ 刘鹗《治河五说》。

可移易者也。至于河身,宜在老滩上开挑,不致水大易漫。”①

嵇曾筠开过数道引河。关于挑仓头口引河说:“北岸孟县、温县所属河道长有沙滩,将大溜逼南岸仓头口广武[97]山根,以致崖岸汕刷、民居坍卸。至官庄峪,大溜又为山咀所挑直注东北,于是姚期营、秦家厂一带遂为顶冲。沁黄并涨之时,堤工危险端由于此。臣愚以为下流固须堵筑,上流尤贵疏通。应于仓头口对面所长横滩,挑开引河一道直接中泓,俾水顺流。由西北径达东南,不致激射东北,则姚期营、秦家厂一带可免顶冲之患。”②在引河开通后,《附记》说:“开挑引河工长六百三十丈……伏汛届临,乘水长风顺挑开引河头,顷刻掣溜奔腾。上源黄流涌注东下,官庄峪山咀不能挑水,大溜全走中泓,而大河成矣。引河成,则北岸秦家厂一带安于磐石。”

其后,嵇又开挑封丘北岸雷家寺引河,荆隆口[39]对岸(南岸)引河。在雷家寺引河挑成后说:“然同此黄河,江南[156]土性坚凝难于刷动,豫地则土性浮松易于奏效。引河之法施之于豫省黄河尤得地势之利便者也。”此点与前引刘永锡之见相近。又泛论引河说:“治水者之开引河乃顺其性而导之,以水治水之良法也。然非慎重详审、真知确见,而率意举行,往往十不成一、二。以故司河者于此,每徘徊瞻顾不敢轻以建议。苟能分别地形之高下,详觇大溜之趋向,乘机因势而果断行之,则无不有明效大验者。”③

以上所述裁弯引河,目的都为局部堤段的化险为平。但如对较长河段作全面规划,开挑适当,且与其他工程配合,可以改善河槽,维持久远。同时,许多人也都说到,应当慎重行事。否则,引河被淤或另生新险,徒增靡费。至于曲直之争,每陷入绝对观点,勿须多论。河流按水力因素及河槽地质条件,必有其较宜的流线。自不能脱离其他因素条件,单就曲直立论,不能只论某一处弯曲,而忽视其上下游较长河段的全面形势,亦不能只讲裁弯而忽视其他工程的配合。故须有全面规划

① 嵇曾筠《河防奏议》卷十《挑挖引河说》。

② 嵇曾筠《河防奏议》卷一《请挑仓头口引河》。

③ 嵇曾筠《河防奏议》卷二《挑雷家寺引河·附记》。

及综合措施,才能取得改善和稳定河槽的效果。

第五节　挑浚河道

挑浚河道的方法可分两类:一是水下淘浚,一是干地挑挖。凡人工改道,或切滩引河,大都是干地挑挖,已有行之者。古人对其可能性是没争论的。而对水下淘浚的可能性,及其所使用的工具,则争论颇多。现略述各家意见。

明潘季驯反对把挑浚作为解决黄河泥沙淤积的根本措施。他说:"若夫扒捞挑浚之法仅可施之于闸河(指运河)耳。黄河河身广阔,捞浚何期?捍激湍流,器具难下。前人屡试无功,徒费工料。"①又说:"河底深者六、七丈,浅者三、四丈,阔者一、二里,隘者一百七八十丈。沙饱其中不知其几千万斛。即以十里计之,不知用夫若干万名,为工若干月日,所挑之沙不知安顿何处。纵使其能挑而尽也,堤之不筑水复旁溢,则沙复停塞,可胜挑乎?以水刷沙,如汤沃雪。刷之云难,挑之云易,何其愚,何其拗也。"②潘季驯对于挑浚虽有所见,而视水刷过易,所以也落了空。

清乾隆十八年指示,混江龙治河,用于支河小港或易见功,非所以论于黄河,但不妨一试。"向来治河有用混江龙之法。臣工中屡有以此为言,且谓靳辅亦曾用之。朕意前人虽有此法恐亦纸上空谈,未必实能奏效。株守陈编者或见为新奇可喜耳。尚书蒋溥又称,明人亦云混江龙不可行,前河臣靳辅疏浚河淤之铁扫帚似较便捷。其法于二里半一墩,每墩一船,船尾各系铁扫帚二,令河兵往来疏刷,等语。是二里半之长,以河面相距之广,仅船二只,而一月又仅有三日之期。彼弁兵之用力与否尚难期必。岂能望其一律深通?看来,亦未必大有裨益。即如今日普福折内,以泰州[178]之斗龙、王家二港现在淤浅,委员携带混江龙前往,分头疏导渐获通流。此施之于支河小港或易见功,非所论于挟

---

① 潘季驯《河防一览》卷七《两河经略疏》。

② 潘季驯《河防一览》卷二《河议辩惑》。

沙奔注之黄河也。但亦不妨姑一试之。试之而效固为有益,即行之无效亦非大损。不若开浚黄河北流故道诸说之迂远难行也。且嵇璜亦主此议。着传谕舒赫德等,于合龙后,诸事告竣,会同奉命诸人查勘。混江龙、铁扫帚之法均不妨试一行之。其适用与否,不过一、二日即可立见。如不可行,亦可释群疑而息异论矣。"①

潘骏文论浚河劳而无功,说:"不知疏浚只可治有定之淤,不能治无定之淤。黄河携沙最浊,行即为水,停即为淤。其所以或行或停,则视乎有溜无溜,变幻极速。故有朝系高崖暮成深水者,亦有朝甫走淦暮忽露滩者。如但务疏浚,不过旋疏旋淤,徒靡工费。况疏浚之器深水乃能运转,浅水辄形胶滞。深则不必疏,浅又不能疏,是以扒疏之器、拖带之船往往既制复弃,甫设旋裁。诚以一经试行即见劳而无功也。"②

包世臣论爬沙船不可行,说:"江河巨舰乘风鼓浪,一锚下即止不行。爬沙船尾系铁篦子一具,其制三角,横长五尺,斜长七尺,着地一面排齿三四十根,长五寸,约重五六百斤。又益以混江龙一具,其制以大木,径四寸,长五、六尺,四面安铁叶如卷发,亦重三四百斤。比之下锚,其势相倍。而谓以水手四名,驾两橹上下梭织,以爬动河底淤沙使不停滞,其说盖与儿童无异。嘉庆十年,令大学士戴公(指戴衢亨)以侍郎视河。公习闻爬沙船说,促制成试之于清口[102]太平河,不能行。翌日又试,得行而甚缓,不得力。余就询其主者。主者曰,星使(按:指戴)必欲其行,使人翻铁篦以齿向上,故能移动耳。或曰,文襄(按:指靳辅)时,献此策者欲藉官船运私盐赴徐州,文襄受其绐,故勤恪罢之。余每以告人,多稔其故。"③包世臣又说:"至爬沙等般,乃文襄之舛议。"④

---

① 《纯皇帝圣训》,见《续行水金鉴》卷十三。

② 《潘方伯公遗稿》卷二《议黄河》。

③ 包世臣《中衢一勺》卷二《辩南河传说之误》。

④ 包世臣《中衢一勺》卷一《筹河刍言》。

可见对于黄河水下淘浚使用机械,明清没有成功的经验,且大都为人所反对。大体上说,有两个问题没解决:一是,淘泥的有效工具为何;一是,多沙河流的淘浚效果如何。

第十章　容水、留沙与溯源探本之论

明清治理黄河的范围为郑州以东的河道。至于水流和泥沙的来源，大都在这一地区以上，当时也有人明此情况，如第四章所述。古人治河有“容水”和“留沙”的倡议，但对象仍多在下游。所谓容水，大都指利用平原地区的沟洫。所谓留沙，大都指对下游放淤，用以改良土壤，或巩固堤岸。虽然议论不多，实践经验又缺，但却足以发人深思。

到了清末，外国传教士和工程师，也提出一些治河意见，介绍西方经验，涉及溯源探本的议论。由于缺乏实际资料，只作泛论，或一般性建议，但却是近代科学引进的先声。

第一节　容水可以兴利平患

明代周用认为：“治河垦田，事实相因。水不治则田不可治，田治则水当益治，事相表里。”①周用阐明治水与治田的相互关系，方法就是开沟洫。他认为，沟洫可以容水防旱潦，有利农业生产，且可平水患。关于沟洫的议论，将于第十一章第三节再作介绍，现在只引他的一些看法。周用的议论是由山东济宁、兖州一带垦田所引起的，但议论范围似又及于全河。

周用说：“自今黄河言之，每岁冬春之间，自西北演迤而来，固未见大害。逮乎夏秋，霖潦时至，吐泄不及，震荡冲激，于斯为甚。考之前代传记，黄河徙决于夏月者十之六、七，秋月者十之四、五，冬月盖无几焉，此其证也。夫以数千里之黄河，挟五、六月之霖潦，建瓴而下，乃仅以河南开封府兰阳县以南之涡河与直隶（指今江苏）徐州沛县数百里之间，拘而委之于淮，其不至于横流溃决者，实邀万一之幸也。（当时黄河可

---

① 周用《周恭肃公集》卷十六《理河事宜疏》。

能由涡河和徐沛两股分流注淮。)夫今之黄河古之黄河也。其自陕西西宁(今属青海)至山西河津,所谓积石[14]、龙门,合泾、渭、沣、汭、漆、沮、汾、沁,及伊、洛、瀍、涧诸名川之水,与纳每岁五、六月之霖潦,古与今亦无少异也……且黄河所以有徙决之变者,无他,特以未入于海之时,霖潦无所容之也。沟洫之为用,说者一言以敝之,则曰备旱潦而已。其用以备旱潦,一言以举之,则曰容水而已。故自沟洫至于海,其为容水一也。夫天下之水莫大于河,天下有沟洫,天下皆容水之地。黄河何所不容？天下皆修沟洫,天下皆治水之人,黄河何所不治？水无不治,则荒田何所不垦？一举而兴天下之大利,平天下之大患。以是为政,又何不可?"①相传大禹治水,尽力乎沟洫,所以后人对于沟洫多怀慕古幽思。周用同样也过分强调了古代沟洫治水的作用,说道:"历千七百年而河不为中国害者,实大禹尽力沟洫之赐。"周用倡沟洫之功虽尚有可议之处,而他所说的"天下皆治水之人,黄河何所不治?"则是全流域人民治河的设想:"天下皆容水之地,黄河何所不容?"则是为兴利而平患的设想。这些设想却是可以发人深思的。

明陆深论容水说:"今欲治之,非大弃数百里之地不可。先作河陂以潴漫波。其次则滨河之处,仿江南圩田之法多为沟渠,足以容水。然后浚其淤沙,由之地中。而后润下之性、必东之势得矣。"②

清沈梦兰论沟洫容水的效益说:"河流涨发,时忧冲决。五省偏开沟洫,计可容涨流二万余千丈。"③

明刘天和在分析河患的原因时,也说:"傍无湖陂之停潴。"④黄河没有天然湖泊,下游古代泊泽已被堙没。古人业已认识没有湖泊是多患的原因,而人造湖泊又易淤垫,所以多寄希望于沟洫。论者多认为沟洫有助于蓄水,有利于除涝,也有容留泥沙的作用。将于第十一章再

---

① 《周恭肃公集》卷十六《理河事宜疏》。

② 《明经世文编》引《续停骖录》。

③ 沈梦兰《五省沟洫图说》,见林则徐《畿辅水稍议·开治水田有益国计民生》。

④ 刘天和《问水集》卷一《统论黄河迁徙不常之由》。

作论述。

第二节　留沙可以转败为功

清冯祚泰倡留沙之说，即放淤之意。称留沙有四利，可以因祸而得福，转败而为功。他说："浊流之最可恶者莫如沙，而最可爱者亦莫如沙。听其淤上流，淤下流，淤河槽，淤清口，淤海口，淤湖内，致使扒捞淘浚之器俱无所施。壅水之流，东奔西决。小亦各处出沙咀，大溜顶冲，对岸危急。挑引河以冲之，筑对岸堤埽以护之。司河官弁大都为沙所窘，其可恶孰如之。然诚熟究留沙之法，因祸而为福，转败而为功，无用之用为大有用，其可爱又孰如之。盖留沙之利有四：地形卑洼，藉以填高，利一。田畴荒瘠，藉以肥美，利二。堤根埽址，藉以培固，利三（即于护岸附近淤滩固堤）。日淤日高，以沙代岸，利四（按：即于缕堤与遥堤之间引黄入淤，岁久加高，即岸成堤）……夫黄河来源万里，即以沙为万里之供输也。会千七百一川，即以千七百一川之沙泥辇载而遗我也。我听其滔滔入海，已有舍掷之叹。而又听其堆而为碛，散而为滩，浅而为遏流怒焉。恶之，谓沙之不速去。一旦溃决之后，又享沙之利。沙负人乎，人负沙乎？可以淤洼，可以肥田，可以固堤，可以代岸。而不能收大河自然之美宝，则亦责有所归也。潘季驯知之，故有平内地之疏，靳辅知之，故有即岸成堤之疏。二公实胚胎乎留沙，而未尽其用……"①

冯祚泰敢于向自然斗争的精神，变不利为有利的设想，都很可取。这一利用泥沙的思想，当始于明代万恭。潘季驯治河时期，以后不断进行实践，从实践中逐步取得经验。但实际经验不多，发展亦少。

明潘季驯建议，放水淤平缕遥二堤之间以图坚久。他说："缕遥二堤如重门御暴，法非不善。但缕堤之离河也近，近则势逼而易啮。遥堤之离河也远，远则流缓而堪御。且外河高于内地，积雨盈溢，两水夹攻，势自难守。查得宿迁以南有遥无缕，水上淤沙，地势平满。民有可耕之

---

① 冯祚泰《治河后策》下卷《沙宜留》。

田,官无岁修之费,此其明效也。独直河[109]以西,因地势卑洼,筑有缕堤。然不念坚厚之遥堤可恃,而专力于滨河一线之缕。岁岁修守,岁岁患害,则非先年筑遥之意矣。司道议,要先将遥堤查阅坚固,万无一失,即将一带缕堤相度地势,开缺放水内灌。黄河以斗水计之,沙居其六。水进则沙随而入,沙淤则地随而高。二、三年间地高于河,即有涨漫之水,岂能乘高攻实乎!缕堤有无不足较矣。即如前年单口一决,地遂淤高。今岁严铺一开,睢、邳北岸皆为阜壤。且与其以人培堤,孰若用河自培之为易哉!至于人夫桩草岁省尤为不赀。诚上策也。"①

杨一魁也有同样建议。他说:"黄河缕堤修筑加高,而堤内(按:指缕堤的背河一带)洼下,夏秋间河水外涨,雨水内浸,其堤易坏。欲仿榜榜湾[149]堤势,将徐、邳一带堤内洼处,春间开口泄水。其与遥堤隔远者,从便筑小月堤以防其溢。此计之便者也,拟允行。"②工部议复同意。

清赵起元记放淤固堤的实效,说:自乾隆元年迄今,如铜沛厅之七里沟、茅家山,桃源厅之颜家庄,外河厅之杨家码头,海防厅之大茭陵、童家营、龚家营,山安厅之大飞等工,先后放淤,莫不化险闭工,卓有成效③。

清刘鹗,不只谓水灌缕、遥两堤之间可以作戗、放淤,且谓澄清之水回河可助冲刷。他说:"黄河闸坝人多怯言之,其实皆因噎废食也。苟得地势,土泥可固。苟失其势,金石不坚……于斜堤接民埝(按:东河民埝类似南河缕堤,斜堤为官堤民埝间的斜形格堤)之处迤上,建一滚坝,或土或石,与滩脊相平。逮汛水涨发,汹涌来时,甫过滩脊即被滚坝骤掣,其水势力顿衰。又被斜堤步步回逼,不能驰骋,数武之外已成漫溜。及至渐侵大堤,土得水渍,反藉为固。涨满民埝,力同后戗。此谓以水敌水者也。及至夹河水满(按:指民埝与大堤,或称官堤,之间水满),正河水消,汛后泥浑最易淤垫。而其时夹河屯水业已澄清,正河

① 潘季驯《总理河漕奏疏·条陈河防未尽事宜疏》。

② 《明神宗实录》,见《行水金鉴》卷三十二。

③ 赵起元《介石堂水鉴·放淤说》。

水低，清水就下。两清来归，刷淤甚速。此所谓以水攻水者也。王景之妙用如此，禹周之精义亦如斯也。”①（按：禹周指《禹贡》和《周官考工记》。）

清康基田对于两堤间放淤则采取慎重的态度。他说：“放淤之法既能平险，亦可取土益工，古人往往行之。然履危蹈险，老成所戒。或内塘太宽（按：指民埝与大堤相距太远），水不能及时灌满，以致跌通中泓，大溜壅进，势不能当。或浸泡日久，暴风蚁穴，皆能穿溃成事。往年蔡家楼放淤，当灌满内塘之时，忽起东北大风，壅水并注西堤，激刷堤身，抢救不及，危在顷刻。副将李永吉，急将存坝秸草，千夫齐搬，抛入塘内，随风飘至西南堤旁，壅护堤根，不能冲刷，始保平稳。若稍缓须臾则无救矣。即如石林放淤，冒大险而终归罔济。反而不如知险预防，早夜勤修，暇时积土待用，坚筑越堤以防不虞。为有备无患之道。治河疏于修防，盛言放淤之利，幸功轻试，见险不知止，岂可为常法乎哉！”②

第三节　溯源探本的议论

关于黄河上游干支流的治理，我国古代虽偶有论及者，但是不多。明万恭曾设想使支流南北分泄，不入黄河。说道：“自潼关而下，南北分散旁流，不使助河为虐，有二便焉。”所谓二便：一是，分泄于大河南北各县，既免水患又得通舟之利。一是，黄河的洪水量减。他主张导伊、洛入淮，导丹、沁入卫③。清末董毓琦也有类似言论，而分流之处则更在上游。他说：黄河“……至青海积石[14]阻于蜀外之山，不得已而北逆流千里。若于北逆处，顺其势南浚入海则甚便。查此处与金沙、雅砻二江相距不远。由偏西十八度处，挖百余里与金沙、雅砻二江合一。复由金沙江白那山处，挖五十余里通于澜沧江，而出南海。复于澜沧江白水河处，挖三十余里通于怒江，而出缅海。三处分黄河之源，中土永无

① 刘鹗《治河续说一》。

② 康基田《河渠纪闻》卷二十三。

③ 万恭《治水筌蹄》。

河患。”①

比利时工程师卢法尔，在清光绪二十五年写给李鸿章的报告，论及上游的治理。卢法尔曾随同李去山东一带黄河查勘。他在论述应全局统筹时说：“黄河在山东为患，而病源不在山东。若只就山东治黄河，何异于按疮敷药，虽可一时止痛，而不久旧疾复作矣。盖其毒未消，其病根未拔也……欲求一劳永逸，宜先竟委穷源。由山东视黄河，黄河只在山东。由中国视黄河，则黄河尚有不在山东者。安知山东黄河之患非从他处黄河而来？故就中国治黄河，黄河可治。若就山东治黄河，黄河恐终难治。请详言之。

“溯黄河之源，出于星宿海，取道甘肃，流入蒙古沙漠。改道多次，始至山西，已挟沙而来矣。道出陕西，又与渭水汇流，其质更浊。再穿土山向东而出，拖泥带水，直入河南。所至披靡，水益浑矣。此即黄河之病源也。下游之病，良由于此。主治之宜，在于病源加意。

“盖下游停淤之沙，系从上游拖带而来。上游地高，势如建瓴。且两面有山约束之，水流极速，沙不能停。迨一过荥泽一脉，平原水力遂杀。流缓则沙停，沙停则河淤。河淤过高，水遂改道，此自然之理。证诸往事，已有明征。惟河一改道，万姓遭殃，转为沟壑，死于饥寒。从古迄今，不知凡几。而黄河则南迁北徙，畅所欲为。以开封为中心，自辟半径之路。于扬子江北，中间千五百里扇形之地，任意穿越。虽齐、鲁诸大峰，亦难阻制。河水所经之处，沙停滩结，民叹其鱼。防不胜防，迄无良策。补偏救弊，劳民伤财，其祸较疾病刀兵尤为猛烈。然天下无不治之水，虽非容易，尚非人力难施。其法维何？曰，求诸算学而已（按：算学可能为科学的误译）。

“夫治法岂易言哉！黄河延袤中国境内，计一万余里之长。地势之高低，河流之屈曲，水性之缓急，含沙之多少，向未详细考究，并无图表。问诸水滨，亦鲜有能答之诸。今欲求治此河，有应行先办之事三：

“一、测量全河形势。凡河身宽窄深浅，堤岸高低厚薄，以及大小水之浅深，均须详志。

① 董毓琦《治河管见》。

“一、测绘河图，须纤悉不遗。

“一、分派人查看水性，较量水力，记载水志，考求沙数。并随时查验水力若干（按：水力可能指水速），停沙若干。凡水性沙性，偶有变迁，必须详为记出，以资参考。

“以上三事，皆极精细，而最关紧要者。非此无以知河之性，无以应办之工，无以导河之流，无以容水之涨，无以防患之生也。此三事未办，所有工程终难得当。即可稍纾目前，不旋踵而前功尽隳矣。若测绘既详，考究复审，全局在握，便可参酌应办工程，以垂久远。犹须各省黄河统归一官节制，方能一律保护，永无后患。

“但照此办理，经费必巨。然欲使一劳永逸，宜先筹计每年养河之费若干，蠲免钱粮若干，赈济抚恤若干，财产淹没若干，民命死亡若干；并除弊后能兴利若干，积若干年共计若干，较所费之资，孰轻孰重，孰损孰益，不至于犹豫矣。”①而在李鸿章的奏议中，并未提及此项建议，可见当时的认识尚未及此。

卢法尔在这段建议之后，还谈了一些具体问题。其关于上游的有两项，他说：黄河上游应否建设闸坝用以拦沙，或择大湖用以减水，亦应考求。上游之山应栽种树木以杀水势。若遍种树木，则树根既能坚土，又复吸水，且可杀其势，从容而下，不至倒泻。倘山上不宜种树，亦宜种草。

西方传教士李佳白论“理河源，制水去淤”之法，说道：“凡河之泛滥决口，其故有二：一由水盛，一由淤塞。无论何国之河，当有以制其水，而去其淤，方为妙法。法首在理河源，或在近源中流处，递修层坝，以节其流，或扩开一湖以停之。即上游有众水来归，亦于此为总汇，不至过急。若多作旁池，使水入池中，滞而后进，泥沙亦因而沉落。兼多植草木，以潜吸其水亦可。此理河源、制水去淤之说也。”②

清光绪十五年（公元一八八九年），吴大徵等调测绘生测量阌乡[93]

---

① 卢法尔《勘河情形》，见林修竹、徐振声《历代治黄史》卷五。

② 李佳白《河工策》。

至利津河道,次年图成①。以此短时间完成,恐其图不详。

容水、留沙与溯源探本之论,都是治理黄河的要事。我国古人对于容水和留沙虽有所见,但缺乏实践经验。西人修层坝、开大湖(修水库)于上中游之说,意在蓄水拦沙。造林种草乃是防止土壤冲刷、含蓄水源的措施。还都没引起当时的注意。至于河流形势的测绘,水流沙量的观察,乃基本资料的搜集,对于制订治河计划极关重要。惜对此项建议亦未得及早重视。

① 《再续行水金鉴》卷一百二十七、卷一百二十八。

第十一章　农田水利的议论与实践

治理黄河的任务主要为除害与兴利两端。就大方面说，二者难分轻重，而且互相关联，但就个别地区和个别时间说，自当又当别论。关于兴利事业，古代又主要为水上航运与农田水利二者。关于洪水的防御，以上各章均已详论。关于农田水利中的排涝工作亦已略为涉及。至于水运前亦大都涉及，还将于第十二章中再事论述。今只就灌溉与放淤二者略事陈述。

再者，“沟洫”一词是有权威性来源的。《论语・泰伯》中称：大禹治水，“尽力乎沟洫”。《周礼・考工记・匠人》又有沟洫体系的记载。《周礼・稻人》和《周礼・遂人》又有与沟洫有关的记载。但以年代久远，后人对于沟洫多有不同的注释，众说纷纭。但它的作用涉及的面颇广，且关系到古代水利。故对于明清关于沟洫的议论，特作简单介绍。

第一节　下游兴利的议论

黄河上中游和支流都有灌溉之利。它的相邻河流，如漳、卫、淮等，也有灌溉之利。惟独黄河下游缺少灌溉的记载。黄河携沙量大，且其质肥，可以放淤，改良盐碱洼地。利用黄河淤灌，宋代就有过大规模实践。明清主要利用放淤固堤，也有一些淤灌的实践。

黄河下游河槽高出两岸田地，有优越的引水自流灌溉条件。这一地区的气候、土壤、交通等条件也都好，而且人烟比较稠密，宜于农业生产。

古人谈黄河下游灌溉者，首推汉贾让的中策。它也引起后人的许多议论。明刘天和说：“然自汉至今千数百年，尽中州[158]大名之境率为河所淤。泥沙填委，无复坚地。而河流不常，与水门每不相值，或并水门而冲决淤漫之,浚治无已。所溉之地一再岁而高矣。"①潘季驯同意这个意见,并且引用了这些话,还补充说:"矧旱则河水已浅,难于分溉。"②

清初靳辅不完全同意上述的意见,认为黄河水可以引,惟以水浊只可淤洼,但其重点仍在减水,而非为兴利。靳辅说:"至若曰,河流不常,与水门每不相值,或并水门淤漫之。夫让(指贾让)所谓水门,即今之闸坝涵洞也。河流虽不常,能淤漫,然即季驯治河,何以不废闸坝涵洞乎?又曰:旱则河亦浅,无可分溉。则又不然。盖贾让所云溉,亦止言冀州[91]石堤三百里间耳。黄河挟万里之源,合秦、晋、豫三州之水而至冀,安得冀州一旱而河即浅?此一时逞快之论,非通论也……西汉去今千七百年,距禹犹未远。又河未南徙,则其水亦未必如今日之浊(按:泥沙并不因南徙而增加。古人认为因流经豫、东土松而泥沙加多,是误解。至于上游来沙量是否较后世为少,则当别论),或尚可引渠而溉田,亦未可知。若今则但能开涵洞引黄以淤洼已善矣。安能通渠而引溉哉。然则为今之策,亦惟有择老土筑坚堤以束河,使不他徙,建闸坝、置涵洞以保堤,使不内溃而已。"③靳辅论涵洞,说其用有三,即减水、淤洼、溉田④。亦与上意相同。

靳辅还有一些具体的设想,他说:"臣于中河[111]之北,已拟有重河重堤之议(按:就是在苏北中河以北再挖一道河,再修一道堤的建议)。若重河已成,于堤北每二十里建涵闸一座。即于洞口开通河一道,自南而北通于沭。东西三百里,计置洞十五座,开通河十五道。其沭河狭浅之处,再辟而浚之,俾其纵横贯注,宣泄有路。此工一成,涝则大小相承,河洞互引,民田无淹漫之忧。旱则沟洫可蓄,车戽得施。不过数年,此周围千里沮洳之地当一变而尽为水田粳稻之乡。"⑤这是一个排涝防

① 刘天和《问水集》。

② 潘季驯《河防一览》卷二《河议辩惑》。

③ 靳辅《治河汇览》卷三《论贾让治河奏》。

④ 靳辅《治河方略》卷二《闸坝涵洞》。

⑤ 靳辅《治河汇览》卷三《北岸水利》。

早的设想,也正是下游两岸许多农田所要解决的问题,但未实现。

靳辅又说:"砀、肖南境有故河一道……若疏其浅、浚其塞,开成大河,由砀山东南出符离桥,直达灵芝等湖,至归仁堤[66],酌地形高下……此河一成,则归郡一带(指河南省商丘一带)行涝各有所归,而民田尽出。久淤之地其利十倍。且商旅通行,市集亦兴。不过数年,变涂泥为乐国无难也。"①这也是一项排涝工作。

第十章引述冯祚泰论留沙之利有四:地形卑洼藉以填高,利一。田畴荒瘠藉以肥美,利二。堤根埽址藉以巩固,利三。日淤日高以沙代岸,利四。除了巩固工程,放淤又能改造地形,改良土壤。清叶锡麒在黄河铜瓦厢[68]决口北徙以后也有类似建议。他说:"查黄河北岸之形势,齐河以上地高于河,齐河以下河高于地。曾于齐河上游经过香山、鱼山一带。据土人云,先时地面本低于河,历年上游漫决,每次必挂淤一、二尺不等。现时平地有淤至一、二丈深者。淤地肥饶,既为民利,又高出底水丈余,盛涨时偶有漫溢,不至溃决。"因之建议,应仿南河靳辅修建涵洞,引水以放淤②。

第二节　干支流兴利的实践

我国引河水灌田有悠久的历史。明清两代在旧有的基础上又有所整修和发展。兹就其要者略事陈述。

明代建国初期,太祖朱元璋为恢复战后农业生产,巩固新兴王朝的统治,对农田水利颇予重视。在其即位之初,就下诏"所在有司,民以水利条上者,即陈奏。"③

明左光斗论水利说:禹功明德,惟是平水土、浚沟洫而已。支流既分,全流自杀。下流既泄,上流自安。无昏垫之害,有灌溉之利。此浚川之当议也。沿河地方,惟运河不敢开泄外,其余源流潴委,是不一水,

① 靳辅《治河汇览》卷三《肖砀南河》。

② 叶锡麒《观河存稿·上张中丞论洼地宜设涵洞放淤状》。

③ 《明史·河渠志》。

陂塘堤堰，是不一用。或故迹可寻，或方便可设。则疏渠之当议也。东南地高水下，车而溉之，上农不能十亩。北方地与水平，数十顷直移时耳。事半功倍，难易悬殊。则引流之当议也。河流渐下，地形转高，不能平行。其法，拦河设坝以壅之，或壅二、三尺，或四、五尺，然后平而引之。水与坝平，流从上度，递流而下，节节如是。盖不能俯地以就水，而惟升水以就地。支河浅流最宜用此。则设坝之当议也。蓄泄不时，秋水即至。坏禾荡舍，往往有之。惟于入水之处设斗门，旱则开之，涝则塞之。出水之处反是。此建闸之当议也。沿山带溪最易导引。而山水暴涨，沙石冲压，再行排洗，劳费不偿。其法，顺水设陂以障之，用支河不用河身。支河以上河身听其下行。此设陂之当议也。而必概种粳稻，恐不骤习。随其高下，听其物宜。总之，水源一开，水田之利胜旱地一倍，价值亦增三倍。渐渐由而不知，通而不倦，而焦原尽泽国矣。则相地之当议也。春夏急水，秋冬无所用之，储有余以待不足。法用池塘以积之，既可储水待旱，兼可种鱼莳莲。每见南方百亩之家，率以五亩为塘，水不胜用，利亦如其亩之所入。仿而行之，或五家一塘，或十余家一塘，居然同井遗意。惟原洼下之地不必另设。则池塘之当议也①。

明冯应京倡议引河水灌溉，说：中州[158]滨河之区，当秋水时至，百川灌河，曾无一沟一浍为之停蓄。以故频受其害，而不获资尺寸之利。若引邺之漳水，南阳之钳卢陂，昔人率用以灌溉。并州西南，若汾若沁，尽可引注，为农田用②。

黄河流域的引水灌溉工程盛于汉、唐，代为修整，时有兴废。涉及范围甚广，包括上、中游干流及其支流。概约述之。汉朝上自甘肃中部，下至内蒙古自治区的五原县这样大的范围内，沿黄河干支流一带广泛地修建引水灌溉工程。同时，在今晋、陕之间的黄河北干河段上，以及青海的湟水流域，亦修建了不少的引水渠道。关中地区泾、渭等支流的引水灌溉亦极为发展。迨至唐代，更加扩大了关中水利规模，并开发

① 左光斗《屯田水利疏》。

② 冯应京《重农考》。

了伊、洛、汾、沁、汴等河的水利①。

清代以前,青海境内的黄河、湟水两岸已经发展了部分农田水利。到了清代,由于人口逐渐增加,黄河、湟水、大通河两岸相继修闸开渠,引水灌田,又增辟了不少灌区。据记载,乾隆年间,西宁县湟水两岸就有引水渠道一百三十六条,可灌田二十八万亩。乐都县有名可考的渠道达六十八条,灌田十万亩左右。贵德和大通亦分别有水浇地三至六万亩。

甘肃省的农田水利在清代亦有了较大发展。在省城皋兰、狄道州、河州、静宁州、秦州以及平凉、固原、陇西、甘谷、正宁、永登等县,发展了大批小型水利工程。黄河的几条主要支流,如大夏河、庄浪河、洮河、大通河、泾河、渭河等,都兴建了水利工程。皋兰于明代就在黄河边装设汲水用的大型轮式翻车,车轮大者达七丈五尺,把黄河水翻至高地灌田。到清代,皋兰城郊除利用小河和泉水自流灌溉外,黄河两岸又安装了一百多架轮式翻车,合计灌田约二万亩。灌溉较为发达的狄道州(今甘肃临洮)、河州(今甘肃临夏)和平凉、正宁、永登等县,有数字记载的灌溉面积已达八十万亩以上。

明代在宁夏回族自治区河套一带的灌溉事业亦有所修整增建。如,由于七星、汉伯、石灰三渠久塞,进行了疏浚。又疏浚了黄河西岸、贺兰山旁的一条渠道,长三百余里,广二十余丈。并于灵州金积山河口开了新渠,扩大了灌溉面积。清初,在黄河西岸贺兰山东麓新建了大清渠,又增修了惠农渠、昌润渠,与唐徕、汉延合称河西五大渠。并制定了管理运用制度。

泾河在甘肃省内利用较少。明时当地人民在平凉、泾川之间,利用泾水及其支流,共开大、小引水渠六十二道,计长二百余里。名曰利民渠,“可溉田三千顷有奇”。至于陕西省内引泾灌渠亦大事修整,并进行扩建。清代对于晋、陕水利亦进行了修整和兴建。

山西汾河引水灌溉在明代有较大的发展。当时汾河流域的阳曲、太原、榆次、太谷、祁县、徐沟、交城、临汾、洪洞、曲沃、汾阳、平遥、介休、

---

① 本节的引水灌溉事业摘录自《黄河水利史述要》。

孝义、赵城等十五县,都修了一批中、小型水利工程。其中以榆次规模为最大,总计灌地一千三百余顷。

河南引沁灌区是古老灌区之一,渠口位于济源县五龙口,古称枋口。曹魏以后,历代曾不断加以修整疏浚。明代,随着农业生产的需要,历经几次整修,有了新的发展。然都是采用的土口引水。“土口易淤,下流淹没,利不敌害,旋兴旋废。”乃改修石口,工程极为艰巨。经过三年的努力,终于凿透石山,自北而南建成长四十余丈、宽八丈的输水洞。又以二年时间修建其他有关工程。终于建成“延流二百余里”,“灌济、河、温、武四邑民田数千顷”的灌区。清代对伊、洛、沁诸水的灌溉亦均有所发展。

以上所述仅属黄河干支流引水灌溉工程的一斑,但亦可见人民对黄水兴利的殷切希望和历经艰险的奋斗精神。他们修建了像河套地区的大型灌区,亦因地制宜地利用了涓涓细流。

第三节　沟洫说简介

相传沟洫是我国古代的一种水利制度,其详已不可考。据后人论述,沟洫似乎是一种排灌结合的渠系,或排灌蓄相结合的渠系。但由于崇古思想,有的则把沟洫制度说得很奥妙神秘,而且认为其综合效益很大。又据说,北方沟洫堙废已久。而现有沟洫的传说,则可能为后人演绎南方平原低洼地区的河网所构成,不知如何。这里只将明清对于建设北方沟洫的设想略举几例,以资参考。

清沈梦兰论及北方五省沟洫,说:沟洫之法,先视通河以为川,次视支河小水,及地形低洼便于疏浚省工力者,每距二十里为一浍。川纵则浍横。除山泽城邑,及沙砾不可耕外,每距七百二十步(按:五尺为一步)为一洫。每横距八十步为一遂,纵距二百四十步为一沟。皆经画标识之。合方二十里造一册,田若干户,户若干亩,逐一注明。择其老成、众素信服者董司其事,不可假手胥吏。岁十月,农事既登,开浚洫浍,深广如法。其土即堆两旁,以填涂道。人工按亩科计,田率人耕三十亩,工率日挑二百尺,十日而洫浍毕。次开沟遂,又十日而皆毕矣。

如天寒冻早,沟遂明春开亦可。其田非自种者,即着佃户开浚,照佃科工,产主量给饭资。亩率谷米一升。工毕之后,丈量地亩。亩折四步,均摊以归画一。每岁春冬,各令捞取洫浍新淤以粪田,亩率三、四十尺,以为常例。

又说:沟洫之制,无地不宜,而西北尤亟。西北地势平衍,河流劲而多浊。涨则劲流汹涌,而冲决为患。退则浊泥滞淀,而淤塞为患。古人于是作沟洫以治之。伏秋水涨则以疏泄为灌输。河无迅流,野无旱土。此善用其决也。春冬水消则以挑浚为粪治。土薄者可使厚,水浅者可使深。此善用其淤也①。

这是沈梦兰对于沟洫的一种假想。由于没有实践的经验,也只能是纸上之谈。

清陈法则视沟洫为泄洪除涝的措施,说:“今宜浚诸河之傍使之益深,而即其土增高其堤;或别开沟渠以杀其势,而达于蓄水之所,如大陆泽、宁晋泊,东西淀诸处。其入泊淀与海之口务深通广阔……如是,则水有所宣,水害除而水利可兴。”前者是浚挖河道,后者是挑挖较大沟渠,兼作分洪、排涝之用。又说,如果这个办法不行,可以使规模小些,只为排除积涝。“北方苦无沟洫,稍霖雨即害稼。议疏凿之,则劳费不赀。人情乐于便安、难于谋始。事关邻封,则尤为牵制。故多废格不行。无已,则疏其积涝可乎?”随即提出疏积涝的办法②。

清龚元玠认为应大力推广沟洫,说:“若果欲复沟洫,亦不必尽天下皆沟洫也。惟于河所经之省,除陕西不必沟洫外,如河南省之巩县以东,阳武、胙城[180]以北诸境,山东之曹、单、沂、兖、东昌、济宁诸境,江北之淮、徐、邳、宿、海州、沭阳、盐城、阜城、高、宝诸境,皆令其解事地方官,亲身相度。不必拘井田制。应为沟洫者,明白晓谕,令其为四尺之沟,八尺之洫。如有应为浍者,即令其为丈六之浍。据实开报,弃地若干永免其税。并令于沟洫中种莲,于畛涂上种桑,永为本户世业。既无

---

① 沈梦兰《五省沟洫图说》,见林则徐《畿辅水利议》。

② 陈法《定斋河工书牍·畿辅沟洫一、二》。

水旱之忧，又非不毛可比，又无地税，民无不乐从矣。”①这又是一种设想。

明袁黄议开展河北省宝坻水利，说：井田、畛涂、沟浍不必尽泥古法。纵横曲直各随地势，深浅高下各因水势。中间有卑洼特甚者，量疏为塘堑，出沟浍之间。旱则蓄，水则泄。围田地卑多水之处，随地形四面各筑大岸以障水。中间又为小岸，岸下有沟以泄水。或外水高而内水不得出，则车而出之。涂田濒海之地，潮水往来，淤泥常积，碱草丛生。此须挑沟筑岸，或树立桩橛以抵潮汛。其田形中间高两边下，不及十数丈为小沟，百数丈为中沟，千数丈为大沟，以注雨涝，谓之甜水沟。初种水稗，斥卤既尽乃种稻。沙田，沙淤之田也。此田大率近水地，常润泽，可保丰熟。四围宜科芦苇以护堤岸，内则为塍岸可种稻秫，间为聚落可种桑麻。或中贯湖沟，旱则平溉。或旁绕大港，涝则泄水。无水旱之虞，胜他田也②。这是对于较小面积的水利规划设想。

清林则徐论水田沟洫之法主要是为灌溉，兼防外水的侵入。他说：“沟洫之利甚溥，非独水田宜设，前人论之详矣。而经画水田要在尽力沟洫。陂塘之潴蓄所以供沟洫之挹注也。闸堰涵洞之启闭所以均沟洫之节宣也。沟洫修而田制备，田制备而地中之水无一勺不疏如血脉，水旁之地无一亩不化为膏腴。大禹之粒蒸民，举其要不外浚川距（到）海、浚畎浍距川。然则营田之政亦尽力沟洫而已。

“直隶[157]八郡，地势西北高，东南下。而一郡之中，又各有高下之异。今择其近水之处随宜经画。负山高仰之地可导泉引溉，则为陂为塘以备暵阳。滨河平广之地可疏渠引溉，则为闸为堰以齐旱涝。濒海近淀之地可筑围引溉，则为圩为堤以防漫溢。如是水之为水患者寡，水之不为田用者盖亦寡已……”③

明周用说：“治河垦田事相表里。田不治则水不可治。运河以东济南、东昌、兖州三府，虽有汶、沂、洸、泗等河，与民间田地曾不相贯注。

① 龚元玠《黄淮安澜编·复沟洫论》。

② 袁黄《宝坻劝农书》，见林则徐《畿辅水利议》。

③ 林则徐《畿辅水利议》。

每年泰山、徂徕山水骤发则漫为巨浸。一值旱暵则又故无陂、塘、渠、堰蓄水以待急。遂致齐、鲁之间一望赤地。此皆沟洫不修之故。今修沟洫各因水势、地势之宜,纵横曲直随其所向。自高而下,自小而大,自近而远,委之于海。则治河裕民之计也。"①林则徐说,治水先治田宋代已有此说。"考宋臣郏亶、郏乔之议,谓治水先治田,自是确论。直隶地亩,若俟众水全治而后营田,则无成田之日。"②

前在第十章里曾引周用沟洫容水之议。

但就以上所论,对于沟洫有着不同的内容和作用。而所谓沟洫之制,显然是指一个有计划的沟渠系统,历代劳动人民的创造必多,不过一到文人笔下,便成为玄妙莫测的东西了。

目前,为了解决较大面积的涝灾,我国北方对于海河水系的大小河流,包括徒骇河、马颊河,漳卫新河,进行了大量的整治和疏浚工程,还修建了一些新的排涝沟渠系统、灌溉系统。如河道有经常的水流,再配以灌溉渠道或提水设备,可以利以溉田。如果笼统地把沟洫作为灌排蓄的综合措施,不作具体分析、具体安排,便难以实现。

古人论治田与治水的关系,注意者殊少,也没有在实践中进一步发展。近年,山东沂、沭流域及其他很多地区的治理,都总结出治山、治水、治田的辩证关系,防洪、除涝、灌溉的辩证关系。这样,不只单纯地治理河道下游,也不单纯地治理河道,而把山区丘陵、平原畎亩、大河小沟的治理联系起来,把发展生产和防治灾害联系起来。动员全流域的人民,在不同地域的岗位上从事农业生产,从事防害兴利。在全国各地都有典型,而且逐渐发展。对此,必将在实践中不断总结,不断前进,不断推广,使我国的地貌不断改观,河流不断改观,生产不断发展。

---

① 周用《东省水利议》,见林则徐《畿辅水利议》。

② 林则徐《畿辅水利议·总叙》。

第十二章　泗水运道的变迁及清口、高堰等工

明代黄河所经，自今郑州至徐州基本上为隋代以前汴水故道，而徐州至淮阴则为泗水下游。泗水为元代所开京杭运河的一部，亦即明清漕运的要道。然以泗水下游为黄河所侵占，且受其淤积、决口、改道的影响，运道经常受阻。因之，自明中期末叶以迄清初，乃有改建，泗水运道之举。

京杭运河在元代已经全线沟通。元世祖至元二十年（公元一二八三年），开凿济州河[85]一百五十里。济州河以汶水为源，北起东平，南于济宁通泗水，再南接黄河，以及隋开的山阳渎[78]、江南河[83]达杭州。至元二十六年，开凿会通河[3]，从今山东临清，经聊城、寿张到东平的安山，长二百四十多里。会通河北接卫河，南通济州河。这样，便沟通了南北水运。不过，元代南方粮饷的供给，仍大都赖海运。

由于会通河与济州河水源不足，乃于明永乐九年（公元一四一一年），在汶河上修戴村坝，遏其改向西南流，凡八十里至汶上县，再由南旺分水，向南北分流。北流经会通河到临清入卫，南流经济州河到济宁入泗，为这两段运河提供了水源。“浅船约万艘，载约四百石，粮约四百万石，浮闸从徐州至临清，几九百里，直涉虚然。为罢海运。”①

由徐州以北的茶城[106]，南经邳县、宿迁、桃源[6]至清河[7]五百四十里，则以黄河为运道（实乃泗水所经，为黄河所夺）。这是明清治理最吃紧的一段。万恭说：“今以五百四十里治运河即所以治黄河，治黄河即所以治运河。”②

茶城在徐州以北约四十里，为黄河与泗水交会之处，亦即黄河夺泗南流之处。这样，漕运便可由清河（今淮阴）逆黄流、经茶城溯泗而北，经济州河、会通河入卫，以达京师。

---

①、②　万恭《治水筌蹄》。

但是,清河到茶城间的运道,由于黄河的频繁决口和分流,水常枯浅,而且淤积严重,难以维持漕运畅通。而茶城以北及山东境内运河又屡受黄河北岸决口的冲积,致使昭阳、微山诸湖东移,航道淤阻不畅,且水源枯竭。因之,改善山东南部和江苏北部的运道就成为当时迫切的任务。

这段运河的改善目标,主要是为了避开黄河决口和改道的影响。概括地说,有如下的运河改道工程:明嘉靖间,在山东境内的昭阳湖东岸开了新运河[53],自南阳[162]到留城[163]长一百四十一里。万历间,开辟夏镇[159](在留城北四十里)南至直河口[109]间的泇河[161]长二百六十里。清康熙年间,又开辟上接泇河,下到张庄[160]的皂河[125]长六十里;继又浚挖从张庄到清河的中河[111]长一百八十里。这样,泇河开后,运道避开了茶城、徐州一带黄河;连同嘉靖间所开的新运河,也就是由南阳到邳县间的运道,便从昭阳、微山诸湖西岸移至东岸,这是运道的一个较大变化。而在皂河、中河开后,则茶城到清河间的运道便全部脱离黄河。

维持漕运是明清治理黄河的首要任务。但是,从山东南阳到江苏清河的运河改道,并没有完全脱离黄河的干扰。或则距黄河甚近,或则受决口顶冲,或则因黄河改道而缺水阻滞。所以,“治黄河即所以治运河”的策略目标始终未改变。

洪泽湖由于淤垫日甚,会黄的清口及东岸的高堰,在上述运河改道后,则成为清代治理黄、淮、运的关键地点。

第一节　黄河决口泛滥对运河的影响

今先述黄河决口泛滥对运河的威胁和影响,然后再叙述运河改道的议论和工程。

自从明弘治二年(公元一四八九年)黄河第二十一次较大的改道后,经白昂、刘大夏先后治理,于弘治七年大流又回归贾鲁故道[1]。但还有三条支河向南分流:一从中牟由颍河入淮河,一从归德由涡河入淮河,一从归德自宿迁小河口入运河(茶城以南的运河即为泗水,亦即为当时黄河所经常流经的河道)。弘治十八年,黄河主流改由宿迁小河口入运河。正德三年（公元一五〇八年），黄河又北徙，主流由贾鲁故道至徐州小浮桥入运河。正德四年，黄河再北徙，主流由沛县飞云桥入运河（注微山湖）。二十年间，黄河已四改入运（泗）之口，北讫沛县，南至清河，上下七百余里。对于漕运自有其巨大的不利影响。

嘉靖六年（公元一五二七年），黄河由沛县鸡鸣台穿运河，入昭阳湖，泥沙淤积，运道大阻。计划在昭阳湖东岸开一新运河。据《明纪事本末》载，嘉靖七年兴修未成。

嘉靖十三年，黄河由兰封赵皮寨决口，经睢河入淮，向东的梁靖口支流（即贾鲁故道）断绝。这时徐、吕二洪[43]浅涩，妨碍运道。其后，屡次引水灌徐、吕二洪以济运河。嘉靖十九年，睢县野鸡冈决口，水大都入涡河。徐州河道又阻。经过治理，砀山、肖县至徐州河道成为主流。嘉靖二十五年，河决曹县，冲谷亭[120]。二十七年、三十一年，淮安屡次大决，徐州以南房村等处运河淤阻。

嘉靖三十七年（公元一五五八年），河决曹县，趋单县段家口，至徐州沛县分六股入运河，至徐洪[43]，又由砀山坚城集趋郭贯楼，分五小股由小浮桥汇徐洪。嘉靖四十四年七月，河决肖县赵家圈，洪水泛滥而北，沛县上下二百里运河（指昭阳、微山诸湖西岸运道）都淤。黄河由秦沟经沛县南，在茶城与泗交会。

在这近四十年间，黄河入运（泗）的地点，从沛县到清河，又多次变动，而运道淤积益甚。

可见，黄河的溃决或改道，对于徐州到清河间的运道影响极为严重。虽数经致力挽回贾鲁故道，但欲维持这段漕运的畅通是很困难的。又以黄河数次北决，冲向鱼台、沛县，淤阻昭阳、微山诸湖西岸运道，以致这一带上下二百里都淤，推使诸湖逐渐东移。因之，就引起改善徐州南北较长一段运道的倡议和施工。

嘉靖六年（公元一五二七年）倡议的运河改道方案，即自昭阳、微山诸湖之西移至湖东，从南阳达留城长一百四十里迨至嘉靖四十四年始由朱衡等完成。这是运河改道的第一段。

第二节　泇河的开辟及其争议

南阳到留城的新运河开通后，隆庆四年（公元一五七〇年）又倡议开辟泇河利运工程。历三十四年，至万历三十二年完成由夏镇（今微山，在留城北四十里）到邳州直口二百六十余里的湖东新运河南段。

隆庆四年九月，河决邳州，自睢宁白浪浅至宿迁小河口淤百八十里，运船千余不得行。翁大立倡议开泇河[161]以通漕，查勘而未施行。其后，朱衡、万恭会勘，因意见分歧又没结果。到万历三年（公元一五七五年），傅希挚等勘议，由于费用较多也停搁下来。万历二十年，舒应龙请准挑韩庄[164]中心沟，凿礓避石，通彭河水道入黄，而泇口始辟。二十五年，河决黄堌[140]，二洪[43]干涸，粮运浅阻。刘东星寻韩庄故道，凿良城[165]、侯迁庄及桃万庄，由黄泥湾至宿迁董家沟以行运，而泇脉始通。到三十年，河决沛县大堤，由昭阳湖穿夏镇，横冲运道。三十二年，李化龙以黄失故道，运不可恃，将寻舒、刘旧绩（李化龙开泇河的建议见下文）。梅守相《为陈泇河利运状》亦题请开泇行运。于是，起自夏镇达于直口，共开泇河二百六十余里，避黄河险途三百余里。其间，改李家巷以避河淤，开王市田家口以远湖险，中凿剎山以展河渠，建良城、台庄、侯迁、顿庄、丁庙、万庄、张庄、德胜等闸以节宣水利。费约二十万两，而泇之运始行。曹时聘复建坝遏沙，修堤渡纤，置邮驿，设兵巡，增河官，立公署，而泇为坦途。刘士忠复虑其易淤，议以每岁三月开泇以行运，九月闭泇事修浚。闭泇时开吕坝，令回空的船由黄河南下。于是泇黄并用以为运道①。

开二百六十里的泇河，在当时是一件大事，曾引起很大争论，并且牵掣着黄运的关系。所以略述争论的主要内容。会勘的朱衡和万恭持相反的意见。工部尚书朱衡主张开泇河，说：国家初置漕运的时候都靠泉水。景泰（公元一四五〇至一四五六年）以后黄河入运，夺运道为河

① 佚名《河防志·经画·泇河》。

道(按:实即夺泗水)。黄河又屡害运道,应当使黄运分开①。而总河万恭则反对开泇河,他说:“泇河从马家桥入微山诸湖,穿梁城(按:前文称良城)、侯家湾取道于利国监[166],经蠖蛤柳诸湖出邳州,直入黄河,有六难焉。微山诸湖水不可堤,一也。梁城、侯家湾、葛墟岭皆数十里,顽石不可凿,二也。礓石水中,随撤随合,金火不可施,三也。岭南去徐、吕二洪[43]一舍耳,与二洪高下相等。避徐、吕二洪险,葛墟洪险复生,四也。假令治泇河即不治徐、邳河(指黄河)犹可。万一泇河成,岁治之,而徐、邳河非无事之水也,而又治,是两役也。劳不已甚乎?五也。计凿梁城、侯家湾非五百万不可,是今治徐、邳河五百万之费也,况未必成,六也。治泇河策宜永罢之。”②

其后,潘季驯也反对开泇河,他认为河漕合一,治河治漕两利,说:“故宋、元以前,黄河或北或南,曾无宁岁。我朝河不北徙者二百余年(按:指河没有改走“北道”或“东道”),此兼漕之利也。”又认为开了泇河,黄河也还须治,说:“若泇河必从直河[109]、沂河等处出口,复与黄合。而中段相隔之地近,者仅三、四里,每岁水涨势必漫入,可不治乎?”③

杨一魁议治河三策认为开泇河为旁策,他说:开直河、塞黄堌、浚淤道者此正策也。浚泇河,底成功、济漕艘者此旁策也。开胶莱河[167]以复海运之遗,以防河运之穷者,此备策也④。

其后,杨应文、张养志都有开泇河之议。张养志对于开泇河并且提出具体的建议,说:开黄泥湾以通入泇之径,凿万家庄以接泇口之源,浚支河以避微口之险,建闸座以为蓄泄之具。并主张黄河与泇河并治⑤。

最后,李化龙开泇河的建议得到工部的同意,并得到皇帝的批准兴工。李化龙认为“开泇河其善有穴,其不必疑有二。泇河开而运不借

---

① 《明穆宗实录》,见《行水金鉴》卷二十六。

② 万恭《治水筌蹄》。

③ 潘季驯《河防一览》卷二《河议辩惑》。

④ 《明神宗实录》,见《行水金鉴》卷四十。

⑤ 《明神宗实录》,见《行水金鉴》卷一百二十七。

河，有水无水听之，善一。以二百六十里之泇河，避三百三十里之黄河，善二。运不借河，则我为正得以熟察机宜而治之，善三。估费二十万金，开河二百六十里，比朱尚书（指朱衡）新河[53]事半功倍，善四。开河必行召募，春荒役兴，麦熟人散，富民不苦赔，穷民得以养，善五。粮船过洪必约春尽，实畏河涨，运入泇河，朝暮无妨，善六。为陵捍患，为民御灾，无疑者一。徐州城向苦洪水暴至，泇河既开，徐民之为鱼者亦少，一疑者二。”①

万历三十二年，泇河已开放，但争论仍在持续，李化龙且以此受责。李化龙在这年八月奏报：分水河成，粮艘由泇河者已过三分之二，由黄河大溜者止三分之一②。曹时聘以后谈泇河的效益时说：万历三十三年行粮艘八千二十二只，次年粮艘七千七百六十五只，尽数渡泇，“则泇之可赖岂不昭昭在人耳目哉。”③

第三节　皂河和中河的开辟及其争议

泇河开后，邳县直河口以北运河与黄河分离，避开徐州险滩。而从直河口到清河间仍以黄河为运道。清初靳辅先后开皂河[125]和中河[111]，从此运道全部脱离了从茶城到清河的黄河。

皂河上接泇河通运，下开张家庄通运之口，是康熙十八年（公元一六七九年）的事；而中河则在康熙二十七年竣工。

泇河运道由夏镇达直河口。以后直河口淤塞，改行董口。董口淤后，又取道骆马湖，由湖面西北行四十里才有沟河，又二十余里到窑湾口接泇河。由于泇河下段阻碍漕运，乃修皂河。

皂河集在宿迁西北四十里，有旧淤河形，若断若续。如能挑通，可以连接泇河的下段，入于黄河。并采用水中取土、以土筑堤的方法，南起皂河口，北达温家沟。又自温家沟经窑湾到邳县境的猫儿窝[170]，计长

---

① 《明神宗实录》，见《行水金鉴》卷一百二十八。

② 《明史稿》，见《行水金鉴》卷一百二十七。

③ 《明神宗实录》，见《行水金鉴》卷一百二十九。

四十里,开河筑堤。

由于皂河直接入黄河常遭内灌。又将会口处改在距皂河口二十里的张家庄,会口形势较顺而流速较迅,可免淤灌的危险①。

皂河成后,自清口[102]以达张庄运口,河道尚长二百里,重运溯黄而上,既属困难且多危险。康熙二十五年加筑北岸(左岸)遥堤,于宿迁以下,如七里沟、上渡口等处,在遥缕二堤之间就取土坑开为运料小河。后又请准,从拦马起,到仲家庄(在清口对岸)止,凡一百八十里,就运料小河连而浚之,扩而深之,成为中河运道②。于二十七年正月而工竣③。

中河通后,评价不一,争论依然。于成龙奏:靳辅开中河无所裨益,甚为民累,河道已为靳辅大坏。凯音布勘查后说:现有商贾船行不绝。若塞支河之口,则骆马湖支河之水汇流中河,水势既大,漕艘可通。迨至康熙二十八年,皇帝南游时才肯定了中河的作用。群臣会议的结论是,“应将中河无容另议。”④到靳辅死后多年,在康熙四十六年的褒奖令里还说:“至于创开中河以避黄河一百八十里波涛之险,因而漕挽安流,商民利济,其有功于运道民生至远且大。”⑤在一篇短短的令文里特别提出中河,也就是总结过去的争论,肯定中河的效益。

其后,中河也略有改动。康熙三十八年,于成龙因桃、清中河南岸逼近黄河,地势卑下,潴水弥漫,难以筑堤。乃自桃源盛家道口至清河弃中河下段,改凿六十里,名新中河。次年,张鹏翮又加调整,于三义镇以下用新中河之半,三义镇以上用旧中河之半,合为一河,重加挑浚⑥。康熙四十二年,中河下口改自双金闸由盐河至杨庄出黄河⑦。

在大约一百二十年间,开运河新道约六百里,为从南阳到留城的新

---

① 靳辅《治河汇览·皂河》。

② 张霭生《河防述言·杂志第十一》。

③ 靳辅《治河汇览·中河》。

④ 《河防志》,见《行水金鉴》卷一百三十六。

⑤ 靳辅《治河汇览·圣谕》。

⑥ 《河防志》,见《行水金鉴》卷一百四十九。

⑦ 佚名《河防志·经画》。

河，从夏镇到直河口的泇河，从猫儿窝到张庄的皂河，从张庄到清河的中河。大体上说，和现在的运河相似。改道的原因是为了避免或减轻黄河的威胁。虽然没有完全脱离险境，但对于漕运是有所改进的。从另一方面说，如果能减少或防止黄河的溃决泛滥，而又能维持一定的河槽，则黄河也可以满足当时漕运的要求。然既无心治河，而只力事粮饷漕运，也只有另辟运道的一途。

明清既以治漕为治河的主要目标，自从黄运分离之后，主要力量就放在漕运最关键的所在，即黄淮交会的清口[102]和捍御洪泽湖的高堰[67]。而康熙、乾隆年间，两个皇帝又数次南巡，亲临其地视察，于是这一地区便进一步成为治理黄河和淮河的重点。实际上并不是治理黄河和淮河，而仍是治运河，是为了每年四百万石的漕运。

第四节　洪泽湖的高堰和清口

高堰是洪泽湖的东堤，清口是洪泽湖的出口，也就是淮河会黄的出口。它们是当时治理的重点，因为它们是漕运畅阻的关键，但不能视为是治理黄、淮的关键。

清赵起元论洪泽湖的形势说："洪泽湖，汉为富陵，隋为洪泽渠，宋为孙公塘。自元以来，淮流胥汇于是，并阜陵、泥墩、万家诸湖而为一，统名曰洪泽湖。盖当黄、运之冲而承全淮之委者也。淮合诸水汇潴于湖，出清口以会黄。清口迤上为运口，湖又分流入（苏北）运河以通漕。向东三分济运，七分御黄（按：湖水以三分出运口济苏北运河，以七分出清口汇流入黄河。或称藉清刷黄，或称御黄以免倒灌）。而黄挟万里奔腾之势，其力足以遏淮。淮水少弱，浊流即内灌入运。必淮常储其有余，而后畅出清口，御黄有力，斯无倒灌之虞。故病淮并以病运者莫如黄，而御黄即以利运者莫如淮。淮、黄、运尤以治淮为先也。"①

① 赵起元《介石堂水鉴》卷二《洪泽湖论》。

这段文章说明黄、淮、运的关系。清口关系着三河的畅流。高堰是洪泽湖的东堤，必须巩固高堰，洪泽湖才能蓄有足够的清水，用以济漕，用以敌黄或刷黄。设若湖水不足，不止不能收敌黄之效，反而要借黄倒灌入湖以济运。如不能敌黄或者须要借黄，都会使清口淤淀。清口淤淀则清水不能畅出，伏秋湖水高涨，冲决高堰则淹没苏北地区。高堰溃决或闸坝泄水过多，则湖水出清口力弱，不能御黄，增加黄水倒灌影响，清口淤淀也更因而增加。这就是高堰和清口的互相关系，也就是黄、淮、运三河与洪泽湖的关系。

清康熙年间，张鹏翮任河官的时候，皇帝对他说：治河的关键问题是"黄河何以使之深，清水何以使之出"。因此，张鹏翮就着重在高堰和清口作文章①。其后，吴璥也说："南河清黄交汇之区乃全河关键。"②其所以成为关键就是为了漕运。

相传高堰始创于后汉陈登，大修于明初陈瑄。洪泽湖逐渐淤淀，湖面扩大。清乾隆间陈法说："至康熙二十二年（公元一六八三年），泗州城郭、公私庐舍俱湮没矣。今堤日加高，湖水潴之日深，泗州浮图乃露其顶。黄河日高，黄强淮弱，烂泥浅[137]仅深五尺，其泥浮松难去，清口所出无几。每西北风起，黄流直灌至高堰而南。既淤其东北，朱家口之决二年乃塞，又渐淤其西南，而湖日高。故湖水日益泛滥，而淮水且阻抑而不得出。故向之泛涨于伏秋者，今冬月亦盈而不消。"③

邵远平记述康熙年间高堰情况说："高家堰者在山阳[8]之西南隅。自清江浦[116]起，二十五里曰武家墩，又十五里曰高家堰，又四十里曰高良涧，又二十里曰周家桥，又二十里曰翟家坝。"④堰上有滚水坝。赵起元说：康熙十九年创建周桥、高良涧、武家墩、唐埂、古沟东、西减水坝六

---

① 佚名《河防志·经画》。

② 《运河道册》，见《续行水金鉴》卷三十二。

③ 陈法《河干问答·论二渎交流之害》。

④ 邵远平《河工见闻》。

座。三十九年堵塞六坝以消下游水患。经河臣于成龙就六坝之基改为四坝。续经河臣张鹏翮改为三坝。雍正六年将滚水三石坝之门槛落低一尺五寸①。乾隆十六年添建二坝，赐名仁、义、礼、智、信五坝。蒋坝则为乾隆十一年建②。

由于清口一带淤塞，张鹏翮开大引河于张福、斐场间，以畅通洪泽湖与清口间水流③。在各引河的下口有束清坝[171]。"如湖水微弱之时，则将两坝接长，收束水势，以蓄清水而敌黄溜。如湖水盛涨之时，则将两坝相机拆宽，俾水势畅达，不致泛滥，以保湖堤。"④束清之下为运口，再下为御黄坝[148]，坝临黄河。

张鹏翮论黄、淮、运管理之法说：若黄大涨，仍遵旨闭拦黄坝（可能即指御黄坝），使不得倒灌。若重运方行，黄水骤发，将裴家场河口暂闭，引清水由三汊河至文华寺入运河以济运。如运水涨，则分别各路由射阳湖归海或入江。若黄、淮并涨，清水由翟家坝天然滚坝泄出，黄水由王家营[126]减水坝泄入盐河，至平旺河归海。若粮船既过，黄水不大发，将运河头煞坝，令清水全入黄河以资冲刷。官民船照例盘坝。俟粮艘回日方启，止留三汊河清水仍由文华寺入运⑤。

可是，这个关键地区也并没治好。清嘉庆间，吴璥说："但黄强淮弱，由来已久。每当春令，淮水未长辄致倒漾。溯查历年皆常有之事。其最甚者，乾隆五十年内久旱水枯，洪泽湖仅存二尺二寸。是年秋冬及五十一年春，自河口以达淮扬运河悉借黄济运。清口淤成平陆，直至夏秋淮水长发始得畅出敌黄，而河势亦即复旧。此向来河口倒灌，时塞时通之实在情形也。"⑥

---

① 赵起元《介石堂水鉴》卷三《滚水坝》。

② 凌鸣喈《昭代丛书·疏河心镜》。

③ 佚名《河防志·经画》。

④ 白钟山《南河宣防录》卷二《奏复都御史倏陈河工事宜》。

⑤ 佚名《河防志·经画·陈节宣之法》。

⑥ 《运河道册》，见《续行水金鉴》卷三十二。

总之，治河是水灾减免、水利开发的极为艰巨而繁重的任务，甚至是长期存在的任务，是随着社会发展而逐步提高要求的任务，但又是直接关系到社会经济发展、居民生活安乐的任务。过去的治河点滴经验都是值得我们深入研究、认真汲取的。

第十三章　治河的正反两面经验

一定时期的治黄方针，是一定历史条件的产物，明清两代当然也不例外。社会的经济、政治、科学技术水平等诸种历史条件，不仅决定治黄方针，进而决定治黄策略与措施，而且还决定这些方针、策略与措施实施的效果。

在长期的治河实践中，治河理论和河工技术发展虽然缓慢，但是在不断前进。明清时期，传统的理论与技术已经完全成熟和定型。在人民群众和治河官员中也涌现出了不少的杰出人物，在他们身上，闪烁着朴素唯物主义的火花。然而，由于政治日趋腐败、封建制度日益走向没落，对治河理论与技术的发展形成了许多桎梏。因此，明清治河受到了种种历史局限。

第一节　治河中的朴素唯物主义

明清治河思想中，朴素唯物主义日有发展，其主要代表人物有明代的刘天和、万恭、潘季驯等人，清代前期的靳辅、陈潢、后期的康基田、魏源等人，都强调治河应从河情水势出发，从当时的历史条件出发，反对天神观，反对迷信古人。这些都是值得肯定的。

明清治河中的朴素唯物主义思想表现在四个方面：

一、期尽人事不诿天数

明代潘季驯说："故语决为神者，愚夫俗子之言，慵臣慢吏推诿之词也。"又说："如必以决诿之天数，既治则曰玄符效灵，一切任天之便，而人力无所施焉，是尧可以无忧，禹可以不治也。归天归神，误事最大。"①潘季驯在第三次任总河时，对于治河充满了信心，曾坚决表示：

① 潘季驯《河防一览》卷二《河议辩惑》。

以三年为期,“如有不效,治臣以罪”①。正是这种人定胜天的精神才得以使治河思想突破旧的范畴。

清康熙十九年,大水,漫决二十余口。靳辅说:“此时河道有必不可治之势,而又实有可治之理。”又申述说:“况治河之事何等艰繁,人皆曰难,而臣独言之若易。臣岂真痴妄一至此哉……惟期尽人事而不敢诿之天灾,竭人力而不敢媚求神佑。”②

二、鉴于古而不胶于古

明万恭说:“黄河为中国患久矣。神禹以来,或言于三代,或言于汉、唐、宋,时固不同。或言于秦、晋,或言于宋、郑、徐、淮,地固不同。今治河者动泥古说,则以三代治河之法用之汉、唐、宋可乎?又以秦、晋治河之法用之宋、郑、徐、淮可乎?”③

潘季驯对待古人的意见也是强调从实际出发。他引用孟子的话说“尽信书不如无书”。对待自己的著作,他也要求别人“可因则因之,如其不可则亟反之。毋以仆误后人,后人而复误后人也。”④

靳辅说:“逐细筹酌,其间修举情况有必当师古者,有必当酌今者,有须分别先后者,有须一时并举者。总以因势利导,随时制宜为主。”⑤

清初胡渭在《禹贡锥指》里,列举宋代治河言论,并加以分析,认为应因时因地而异。他说:“宋君臣论治河往往有格言。熙宁五年,神宗语执政曰:‘河决不过占一河之地,或东或西,若利害无所较,听其所趋如何?’元丰四年,又谓辅臣曰:‘水性趋下,以道治水则无违其性可也。如能顺水所向,徙城邑以避之,复有何患?虽神禹复生不过如此。’此格言也。然施之于商胡[33]北流适得其宜。若地平土疏,溃溢四出,所占不止一河之地者,岂亦当顺水所向,迁城邑以避之乎?

“欧阳修曰:‘河本泥沙,无不淤之理。淤常先下流,水行渐壅乃决上流低处。故大河已弃之道自古难复。’此格言也。然瓠子[22]决二十余

---

① 潘季驯《河防一览》卷七《河工事宜疏》。

② 《靳文襄公奏议》卷三《经理夫竣工程疏》。

③ 万恭《治水筌蹄》。

④ 潘季驯《河防一览·刻河防一览引》。

⑤ 靳辅《治河方略》卷五《河道敝败已极疏》。

岁而武帝塞之，河复北行二渠。河侵汴、济，注淮、泗六十余年，而王景治之[30]仍由千乘[127]入海。今横陇[29]之徙才二十年，安见必不可复？但北流实为利便，不当更事横陇耳。

“苏辙曰：‘黄河之性，急则通流，缓则淤淀，既无东西皆急之势，安有两河并行之理。’此格言也。然吾观宋之二股即唐之马颊[27]，以此为支渠，受河水十之一、二，亦自无害。但不可令指大如股耳。

“张商英曰：‘治河当行其所无事。一用堤障，犹塞儿口止其啼。’此格言也。语出贾让。然让意谓，正道常流，不可效战国为之曲防耳。若冲激之处，溃溢可虞，非增卑培薄，何以御之？

“任伯雨曰：‘昔禹之行水，不独行其所无事，亦未尝不因其变以导之。’此格言也。然必如北流之合于禹迹者，不妨因其势而利导之。若注钜野，通淮、泗，安得不反之使北耶？

“此数说者，譬之奕者，必胜之著，而低手混施之，则全局皆空。古今经验之方，而庸医误用之，则杀人无算。是故治河之道，或新或旧，或合或分，或通或塞，或无事或有事，或小有事或大有事，神而明之存乎其人。苟非其人则必有害。孟子所以恶执一也。”

靳辅论贾让的上策说：“贾让徙民在西汉之时，在黎阳[92]、东郡[119]之地，真上策也。若时非西汉，地非黎阳，东郡，岂特非上策，是为无策。”又说：“让之三策，自为西汉黎阳、东郡、白马[173]间言，未尝全为治河立论也。鉴于古而不胶于古，不亦善乎？”①

三、治河应历览审度

清初陈潢说：“今者诸患并作，若不先度大势之轻重缓急，而务其重者急者，犹振衣而不知其所挈也。虽然，重与急之患又非即于患处治之也，必推其所以致患之处而急图之，是非熟审焉不为功。如有患在下而所以致患在上，则势在上也。当溯其源而塞之，则在下之患方息……又患在上而所以致患在下，则势在下也。当疏其流以泄之，则在上之患自定……由是观之，非历览而规度焉，则地势之高下不可得而知，水势

① 《靳文襄公奏议》卷三《经理未竣工程疏》。

之来去不可得而明，施工之次序亦不可得而定也。潢请为公（指靳辅）跋涉险阻，上下数百里，一一审度。庶宏纲克举，而筹划乃可施尔。”并且认为，虽有书籍可供参考，仍应亲历勘查，说：“今昔之患河虽同，而被患之地不同。今昔治河之理虽同，而弭患之策亦有不同。故善法古人者，惟法其意而已。若欲考载籍以治之，何异按图索骥、刻舟求剑耶？”①

靳辅接受这个建议，在开始治河时，作了一番勘查工作。靳辅说：“到任之后，曾会同钦差侍郎臣折尔肯察审河务，会勘云台山[172]等事。一面即偏历河干，广咨博询，求贤才之硕画，访谙练之老成。无论绅士兵民以及工匠夫役人等，凡有一言可取、一事可行者，臣莫不虚心采择，以期得当。历今两月有余，竭尽臣之耳目心思，备稽当日所以敝败之缘由，力求今日应补救之次第……”②乃历陈治河大计。

四、治河应审其全局

靳辅说：“大抵治河之道必当审其全局，将河道运道为一体，彻首尾而合治之，而后无弊也。”③又说：“凡大工之兴先审其全势，全势既审必以全力为之……康熙十六年以前，淮溃于东，黄决于北，运涸于中，而半壁淮南与云梯关海口且沧桑互易。此时若不将两河上下之全势流行规划，源流并治，疏塞俱施，而但为补葺旦夕之谋，势必溃败决裂而不可收拾。”④

陈潢说：“……有全体之势，有一节之势。论全体之势，识贵彻始终，见贵周远近。宁损小以图大，毋拯一方面误全局。宁忍暂而谋久，毋利一时而遗虑于他年。”⑤

清刘鹗说：“今河之不治，何哉？河员只讲习于三汛四防，而不能统筹全局。文士徒沉湎于宏搜远引，又不能切近事情。互诋交非，其实

---

① 张霭生《河防述言·审势第二》。

②、③ 靳辅《治河方略》卷五《河道敝坏已极疏》。

④ 靳辅《治河方略》卷一《大兴经理》。

⑤ 张霭生《河防述言·审势第二》。

皆误。”①

但是，明清治河思想中的朴素唯物主义又有很大的局限性，言与行之间也有很大的距离。并且常常还表现出矛盾性。例如，潘季驯说治河“归天归神，误事最大”，但他用埽工堵塞高家堰大堤决口时，又硬说是关公以埽托梦，赋予他的治河措施以神的力量。又如陈潢主张“鉴于古而不胶于古”，但是他又说：“千古治水者莫神禹若也，千古知治水之道者莫孟子若也”。这些都表现了他们思想中的矛盾性和时代的烙印。

第二节　治河战略的局限

明清两代对于治理黄河甚为重视，设高官，发国帑，并总结历史的经验。而这一时期的水灾减轻了没有呢？据前引《人民黄河》统计，明代决溢改道约合每七个月一次，清代则约合每六个半月一次。灾害虽较元代为轻，但在历史上仍居高位。关于黄河灾害的分析和统计，各家所见虽尚有不同，但上述数字作为相对比较，尚有一定意义。这一时期的治河理论和措施虽有所提高和改进，而灾害之所以严重者，固有许多原因，治河战略的局限当为其重要之一。

明清治河首重漕运，这是由于京师官俸军食每年四百万石之所需，因为当时政治经济首要之务，而对于民生只是附带一提，甚至排不到日程上来。就是自以为有治河全局观点之人，如靳辅，也只着眼与运道有关的清口、高堰与新修的中河而已。由于治河战略的决定，有关治河的政策和措施自必随之而来。有关这些情况，本书其他章节均有详论之，不再烦多述。

第三节　治河中的弊端

明清时届封建社会后期，政治日趋腐败，弊端丛生。这也可以说是

① 刘鹗《治河五说·附治河续说一》。

治河事业受到历史局限的表现。

“河工”是旧社会升官发财的工具。利修防以事报销,藉堵口而谋升迁。所以旧日河工人员不患河之多事,而患河之无事。清钱基博说;“河工自古为利薮。先是,十三年(指光绪十三年)秋八月,郑州杨桥河决,才一獾洞耳。当事者利其漫溢,以决愈大,上请帑愈多,便侵牟。置不治,遂成大工。”①靳辅论有欲破坏其所筑之堤者时说:“但不肖官员、奸民、蠹役,率皆喜动恶静,乐于有事,而苦于无事,往往有阴求败废之者。”②封建朝廷也知道这种情况。乾隆十七年的一个命令说:“从来河员乐于工作,可图领帑开销。不讲则已,讲则非浚即筑,必有当兴之工。有如医者,有疾无疾诊必有方。幸而不为大害,否则削正引邪,往往竟成痼疾。河工似此无益之费不知凡几。”③其实,统治集团全是一丘之貉。

河工官员既然利河多事,对于巩固工程的建议则必加反对。清魏源说:“若黎襄勤(按:指黎世序)之石工,栗恪勤(按:指栗毓美)之砖工,即已有靡费罪小,节省罪大之谤。”④这是说,有了石工或砖工,由于工程比较牢固,河上的事少了,修守的费用省了,发财的门路塞了,所以有“节省罪大之谤”。

清包世臣记载一段堵决口估工费的故事。在《郭君传》中说:“君(指郭大昌)故善河事,以老坝工知名,当事有急辄倚重。然以省工费绌,言语触众怒。乾隆末,举丰工。工员欲请帑百二十万(单位为银两),河督议减其半,商于君。君曰:再半之足矣。河督有难色。君曰:以十五万办工,十五万与众工员共之,尚以为少乎?河督怫然。君自此遂绝意,不复与南河事。”⑤又,马棚湾决口,淮扬营薛朝英估报堵口需银一百三十万两。范玉琨核估不出二十万两。后以十四万余两竣事。

---

① 钱基博《吴大徵家傅》。

② 《靳文襄公奏疏》卷二《敬陈经理第七疏》。

③ 《纯皇帝圣训》,见《续行水金鉴》卷十二。

④ 魏源《筹河篇上》。

⑤ 包世臣《中衢一勺》卷二《郭君传》。

而范竟以严核工款，得罪大员，被参罢官①。

包世臣又说："真明钱粮者（即真知会计业务者）责七成之工而已（指工程实支只占报销额的七成）……余往来南河（指清咸丰五年改道前的河道）二十年，所见工程不及二、三成者，甚有动帑竟不动工者。"②

靳辅自述其估工的经过说："自徐州至海口尽行估筑堤工，不照各官估计另出己见，共估银一百五十一万七千六百余两。"③又说："至于大修一案，先据各属估计需银四百余万，而臣力排众议，谬出己见，止估银二百五十余万。"④实用多少，尚少统计数字。

贪污作弊已成为公开的事实。包世臣记漕运弊端说："漕为'天下之急务者，以其为官吏利薮也。贪吏之诛求良民，奸民之挟制贪吏，始而交征，终必交恶，关系政体者甚巨。说者皆谓漕弊已极，然清厘实无善策。或以为州县一年用度取给于漕，故不能不纵之浮收勒折。是无漕州县其用度又将何出乎？或以为帮丁需索兑费盈千累万，裁革此项则势必误运，州县亏空实由于此。是无漕及有漕而不起运之州县，其亏空又从何来乎？凡此皆贪黠州县造作言语，愚弄上司，以遂其朘民肥橐之私而为之。上司者或受其愚而不加省察，或利其贿而为之饰词，以致浮勒日甚。尚复觍颜抗论，自命清官。一唱百和，延害心术。谁肯揣本齐末，广思集益，使闾阎免渔夺之苦，帮丁祛赔累之病，州县无竭蹶之虞乎？"⑤

有的则私开闸坝以便牟利。鲁之裕论破闸过船之弊说："而淮北私盐，利开桥坝以通往来。挥多金，造浮言，曰：归仁堤不毁，周家桥闸不开，翟家坝口不决，则商贾之南自瓜[130]、仪，北自河南者，咸必假道清江浦[116]，不免为各闸稽留。岂若道桥坝之直达为便……河防胥役又设

---

① 范玉琨《马棚湾漫工始末》。
② 包世臣《中衢一勺》卷二《南河杂记中》。
③ 《靳文襄公奏疏》卷四《加修善后工程疏》。
④ 《靳文襄公奏疏》卷四《恭报大工水势疏》。
⑤ 包世臣《中衢一勺》卷三《庚辰杂著三》。

税周桥之闸，每一私开，货船敛馈千金，渔者亦奉以数十金。奸民勾通，淮关、淮道及山阳[8]厅役每月为之料理，名曰月钱，饰为开桥保堰之说。”①

以上言论，有的出于皇帝、大员之口，有的见于名人、散员之篇，仅其数例而已。事实上，河工的贪污浪费是风行而公开的现象。利河多事，看来是难以想象的，但确为当时实情。又怎能把河工做得坚固可靠，又怎能全心全意为治河着想呢！那么，河患频繁不是其必然的结果吗？

只图功名，敷衍塞责，则是河道日坏的又一重要因素。

明代张养蒙上疏，在论河官应久任时，披露了治河者惟功名是图、升官是务的问题。他说：“功名之心孰不有之。前者以功升赏矣，代其任者，守画一而袭故常，则疑其无所事事。于是，不曰某故道当开，则曰某新坝当改。不曰某堰工司废，则曰某湖地可耕。幸邀异绩，欲求多前人。”②只图功名，无心治河，一语道破某些河官心情。治河的议论虽多，但不务实际，只尚空谈。封建朝廷对之也逐渐不信了。清乾隆十八年的令文中说：“朕因河患，宵旰忧勤。日召在廷诸臣，详悉讲求。其欲复黄河故道使北流者，既迂远难行，至谓蓄泄宜勤，闸坝宜固，堤堰宜增，海口宜浚，则河员足任。徒事摭拾空言，无难编成巨帙。昔人云，议礼如聚讼。议河亦如聚讼，哓哓不已，甚无取焉。”③一概否定治河议论，自属不当。然亦足证，空言无补之见颇多，成为官场中的一般现象。

然有心治河之人，创修新工，却又大受攻击。如黎世序用石工于南河，既引起“交章而攻”④，栗毓美兴砖工以护岸，又引起“物议沸腾”⑤，则似又远非为官之道了。这时治河并不提倡新技术。凡新创之工，如于下次汛期冲毁，按规定须由修筑者照赔。清范玉琨在论筑对头坝时

① 鲁之裕《治河淮策》，见砚北主人《河防要览 · 卷四》。

② 《神宗实录》，见《行水金鉴 · 卷三十三》。

③ 《河渠志稿》，见《续行水金鉴》卷十三。

④ 蒋湘南《黑岗口观砖工记》。

⑤ 蒋湘南《与汪孟慈农部论河工书》。

说:“倘有刷塌段落,或竟全行冲刷,或河又改行坝后,均应免其着赔。”盖以所建议的对头坝为新创,因有免赔之请(见第九章第一节)。又康熙年间倡修长挑坝,有“令试做免赔”的命令(见第九章第二节)。换言之,为治河而引进新技术,如不冒黎、栗的风险,则必受赔偿的限制。那么,乾隆所谓“议河亦如聚讼”,“徒事摭拾空言”,又何怪焉!而其责又应谁归?

治河者只图功名,无意革新,因循守旧,但事空言。到了清朝中叶以后,治河已处于束手无策的境地。迨至咸丰五年,河南兰阳铜瓦厢决口,改道东北流,初以流势较顺,河行地下。然未主动治理,不久即日趋败坏。所谓下游河防,除两岸大堤之外,仅于大溜临堤或冲堤之处,镶修秸埽以事防御。所有其他治理建议,则一律采取坚决反对的态度。据称,当时治河的策略和措施,是长期经验的积累和总结,不得妄动。认为,黄河与其他河道不同,宜于他河的治法和工程,俱难引用。其态度之顽固保守,直难设想。宜乎其处于被动挨打的局势,而难以自拔也。

总之,明清重视治河,在理论和措施上亦均有所发展,但终以落后于社会的进程,祸患日益严重。

第四节　治河在古代科学技术中的徘徊

明清之世,近代科学技术在西方已经兴起,并且取得了很大的发展。而我国直至清末还采取闭关锁国的方针。迨至鸦片战争(公元一八四〇年)以后,沦为半封建半殖民地社会,依然坚持“中学为体,西学为用”的指导方针。所谓中学为体,就是政治经济制度、哲学道德准绳一秉古制古训,维持中国旧日体制。而所谓西学为用,亦只是指轮船、火车、枪炮、电话等实用事物,而对于近代科学技术则根本没有认识,亦不求其理解。随着所谓列强的政治经济侵略,亦带进了一些近代科学技术知识,但作用不大。第十章第三节所述外国工程师建议治河方法的事,即其一例。对于黄河的治理,直至清末,可以说一切依照古老的传统经验办事。

当然，古老的传统经验也是有发展的，如以上各章所述。明代曾出现资本主义的萌芽，但未得发展。而在治河上却出现了一些新理论和措施。清代继之，并有所发展。经过反复实践和一代接一代的探索和总结，中国的传统的治河理论和技术，到明清已达到了一个高峰。但是，当前进到这一步后，由于封建社会的历史局限，治河理论和实践都开始徘徊，再亦不能有所突破。而且这种阻力越到清末越大。这时虽亦有所谓革新派，但亦难以为力。这就使送上门来的近代科学技术，亦遭到歧视。

传统经验对于河流的认识是定性的、概念性的。这样就不能正确地认识自然规律，直如盲人摸象，难得其真实面貌，提不出正确的治河方案。传统经验对于河流的治理只重下游，直如头痛治头，脚痛治脚，得不到正确的治理效果，更难以发挥河流的经济效益。经过长期的探索，到了明中期以后，采取了坚筑堤防，纳水归于一槽的方针，一直为后人所遵循。但泛滥灾害仍极频繁，所迫切要求的漕运任务，亦难胜利完成。对于危害的原因，只知道水大、沙多，但难得提出改进的意见。所提的意见亦多从概念出发，拿不出真凭实据；或反复议论一些老调，争论不休，难得结论。直如黑夜行路，难辨西东，歧路徘徊。这正是在治河上需要进行大改革的时期。西方近代科学技术的输入正是其时。而顽固的清末王朝则坚持抵制态度。但是，富有生命力的新生事物是抵挡不住的。

清末为了学习西方的新技术，派了一些学生到国外求学。国内亦办起了新式学堂。这就为引进近代科学技术创造了条件。再则，帝国主义为掠夺我国经济资源，对于有关河道和港口进行一些建设工程，亦为我们学习创造了机会。事实上，这一切并不只是单纯的近代科学技术的引进，连同西方的政治经济、哲学道德等观念亦一并引进来了。最后，推翻了最后一个封建王朝，大清帝国。

前进的道路总是曲折的。近代科学技术在黄河上的应用亦要有一个过程。在一九一九年的“五四”运动时期，提出了“科学救国”的口号，又进一步促进了科学技术的发展。从此以后，黄河上才初步地建立起两个水文站，地点是河南陕县和山东的济南泺口。这时就已经有些人热心致力于以近代科学从事治理黄河的研究工作了。一九三三年以后,水文站才比较多地设立起来;此外,还进行了下游河道的地形测量;在黄土高原建立了三处水土保持试验站;在天津设立了河道模型试验所,等等。还初步制定了黄河的初步工作规划。这时从事黄河治理的人就比较多了,有的还对于黄河进行了比较全面的实地考察,从全河出发探索治理途径。但这一些还只是在观测、调查、研究阶段,而具体到黄河的治理则一仍旧贯,无所改革。但两种治河观点的斗争则十分尖锐。

新中国成立后,黄河获得了新生。在党的领导下,在全国人民的支持下,开始了以现代科学技术治理黄河的工作,一日千里,取得了超越过去几千年的成就。这才结束了治河在古代科学技术中徘徊的局面。

附录一　地名注释

1. **贾鲁故道**　又称汴水故道。由河南省郑州、开封、归德（今商丘）北境，经江苏省徐州合泗入淮。详细流经地点，见第二章第一节引潘季驯《河议辩惑》的叙述。元末贾鲁治河，堵塞向北流的决口，恢复了黄河故道，亦即古汴渠的一段，后人遂称之为贾鲁故道。汴河的另一故道为隋以后的汴河所经，由商丘县南，东南流经安徽省宿县、灵璧、泗县入淮，与贾鲁故道无关。参阅本注释155“汴河”和77“通济渠”。

2. **安山**　在山东省东平县西南三十五里，亦曰安民山，原为汶、济合流处，后为运河所经，曰安山镇。水汇成湖，名安山湖。

3. **会通河**　为元世祖时所开，起于安山的西南，止于临清的御河（卫河），引汶水通船，长二百五十余里，即今山东省临清到东平的运河。有的资料，将临清到济宁通泗水的一段运河统称之为会通河。

4. **清济河**　即大清河，亦曰清河，或北清河，传为古济水所经，为现在黄河在山东省所经之道。参阅本注释129“济”。

5. **祥符**　今河南省开封市。

6. **桃源**　今江苏省泗阳县。

7. **清河**　今江苏省淮阴县。宋置县，故城在今淮阴县城东十里。元迁于甘罗城（在今淮阴县西天妃闸北）。清乾隆间，移于清江浦运河的南岸，属江苏淮安府。民国改为淮阴。又，淮阴县初为秦置，其后屡废。唐复置，元废。故址在今县东南。

8. **山阳**　今江苏省淮安县。晋置县，宋改为淮安，元仍为山阳，民国改为淮安县。

9. **安东**　今江苏省涟水县。原名涟水，明改为安东，民国又改为涟水。

10. **砥柱**　即砥柱山，在河南省陕县黄河中。古人有砥柱六峰的说法，指三门峡河中诸石峰。今修三门峡拦河大坝，形势全改。

11. **大伾**　大伾山在河南省浚县东南二十里，亦称黎山、黎阳山、青坛山。又，在河南汜水县（今镇）西北一里。又名九曲山。

12. **洚水**　据唐石经、宋临安石经均作降。降之说亦不一，一以淇水为降，一以漳水为降。各家注释纷纭。

13. **大陆** 大陆泽在河北省任县东北。一般以宁晋为北泊,大陆为南泊。

14. **积石** 积石山之说有二:一为大积石,在青海省南境;一为小积石,在甘肃省临夏县西北。古传积石为黄河发源地。后人对于小积石亦颇多议论。现据调查,黄河发源于青海省巴颜喀拉山脉的雅合拉达合泽山东麓的约古宗列渠。

15. **漯川** 传说不一。《汉书·地理志》载:漯水出东郡东武阳县(今河南省范县北的朝城),至乐安(汉千乘郡,后汉改曰乐安国,治临济,在山东省高苑县——今为桓台县——西北)千乘县(今山东省桓台、广饶一带)入海。行千二百里。按所说"东行漯川"似不同于《汉书》所记。可能初行漯川,后又折而北行。参阅本注释182。

16. **滑台** 在河南省滑县境。

17. **戚城** 在河南省濮阳县西。

18. **元城** 今河北省大名县。

19. **贝邱** 在山东省清平县西南。

20. **成平** 在河北省交河县南。

21. **章武** 在河北省沧县东北。

22. **瓠子** 在河南省濮阳县境。

23. **泗水** 《禹贡锥指》载:泗水自泗水县历曲阜、滋阳、济宁、邹县、鱼台、滕县、沛县、徐州、邳州、宿迁、桃源至清河入淮,此禹迹也。按泗水为运河主要水源之一,邹县以南的泗水又常为运河的一段。徐州而南的水道又曾数为黄河所侵占。

24. **屯氏河** 《汉书·沟洫志》载:自堵塞宣防(按:指堵瓠子决口)后,河复北决于馆陶,分为屯氏河。东北经魏郡、清河、信都、勃海入海。《汉书·地理志》载:魏郡馆陶河水,别出为屯氏河,东北至章武入海。过四郡,行千五百里。按:屯氏河在周定王五年改道后的大河以南,所经似与今马颊河相近。参阅本注释182。

25. **灵县** 汉置,在山东省高唐县西南。鸣犊口在高唐县南。

26. **笃马河** 略似今山东省马颊河所经。《水经注》载:屯氏河别河南渎,亦通谓之笃马河。本稿第二章第二节所述第四次改道的南支叫笃马河,经平原、德县、乐陵、无棣、霑化入海。参阅本注释182。

27. **唐故大河北支** 唐武后久视元年(公元七〇〇年),于河南省清丰以东开一条新河,就是所谓马颊河,合笃马河,又东北流,从无棣入海。后人称为唐故大河北支。参阅本注释182。

28. **魏郡** 汉置魏郡,治邺,在今河南省临漳县西南四十里。北周移治安阳。

唐废郡。《人民黄河》注在今南乐县一带。

29. **横陇故道** 为由河南省濮阳，历山东省阳谷，至长清；以下循王景治后的河道。参阅本注释30及第二章第二节，第八次改道所经。

30. **王景所治河道** 东汉永平十二年（公元六九年）议修汴渠，发卒数十万，遣王景与王吴修渠筑堤。史称修汴渠，不言治河。而所治河道即王莽始建国三年（公元一一年）魏郡决口后漫行的河道，是在王景治后才稳定下来的。河流经今河南省南乐、山东省朝城、阳谷、聊城、临邑、惠民，至利津入海。参阅本注释182。

31. **滑州** 在河南省滑县境。

32. **澶州** 唐澶州在今河南省清丰县西南，五代晋移濮阳。

33. **商胡埽** 在河南省濮阳县境。

34. **小吴埽** 在河南省濮阳县境。

35. **李固渡** 在河南省滑县沙店镇南。

36. **梁山泊** 在山东省寿张县东南梁山下，今为梁山县。《清一统志》截："梁山泊为古钜野泽，即古大野泽之下流。汶水与济水会于梁山之东北，回合而成泊。宋时决河汇入其中，其水益大……其后河徙而南，岁久填淤，遂成平陆。"今梁山以东的安山一带有东平湖，北阻黄河，东依高地，为汶水及以西的坡水所汇。

37. **白茅堤** 在山东省曹县西南。

38. **黑羊山** 在河南省原阳县境。

39. **金龙口** 在河南省封丘县西南，后改称荆隆口。

40. **张秋镇** 在山东省东阿县西南六十里，与寿张、阳谷二县接界，为运河所经。明一度改名为安平镇。

41. **沙湾** 在山东省寿张县东南三十里，距张秋镇十二里。

42. **孙家渡** 在河南省荥泽县境，是黄河决口处，也是支河分流处。

43. **徐吕二洪** 指泗水（即运河）的徐州洪（亦名百步洪）和徐州以南六十里的吕梁洪。二洪于水浅时石露则险，水深便行舟。

44. **杨桥** 在河南省中牟县境。

45. **翟家口** 在河南省开封县境。

46. **小河口** 在江苏省宿迁县境，古睢水入泗处，也曾为黄河注泗（运河）之处。

47. **太行堤** 《行水金鉴》引《明孝宗实录》载："刘大夏以筑黄陵冈决口功成……而大名府之长堤，起河南胙城，历滑县、长垣、东明等处，又历山东曹州、曹县，直抵河南虞城县界，凡三百六十里。"后屡经延修、完善，形成黄河北岸的最大屏障。故潘季驯《总理河漕奏疏·河南岁修事宜疏》则载："刘大夏筑长堤一道，起自曹县至武陟詹店止，延袤五百余里。”参阅本稿第五章第三节。太行堤为当时黄河北岸的大堤，又称泰黄堤、太黄堤、汰黄堤等。胙城，参阅本注释180。曹州，参阅本注释181。

48. **小浮桥** 在江苏省徐州境，曾为黄河注泗（运河）之处。

49. **杨家口** 在山东省曹县境。

50. **梁靖口** 在山东省曹县境，是决口，也是支河分流处。

51. **飞云桥** 在江苏省沛县境，曾为黄河注泗（运河）之处。

52. **鸡鸣台** 在江苏省沛县境。

53. **新运河** 明嘉靖初年兴修未成，至嘉靖四十四年始开通。自山东省邹县南阳镇至留城（在夏镇南四十里）共一百四十里。按：新运河为明朝改修运河（即泗水）的第一步。其后，又于万历年间自夏镇（今微山县）沿昭阳湖、微山湖以东，向南改修。

54. **赵皮寨** 在河南省兰封县境，是决口，也是支河分流之处。

55. **孙继口** 在河南省兰考县境。

56. **孙禄口** 在河南省兰考县境。

57. **野鸡冈** 在安徽省睢县境。

58. **段家口** 在山东省单县境。

59. **坚城集** 在安徽省砀山县境。

60. **郭贯楼** 在安徽省肖县境。

61. **新集** 为黄河所曾经之地，东距徐州小浮桥二百五十里。

62. **赵家圈** 在安徽省肖县境。

63. **朱家寨** 在河南省开封市境。

64. **大王庙** 在河南省封丘县境。

65. **黄练集** 在河南省开封县境。

66. **归仁堤** 在江苏省宿迁县东南三十五里白洋河口，为明万历间潘季驯所筑。后代续有加固培修。《靳文襄公奏疏·卷三·特请大修疏》载：“窃照归仁堤，原以束睢湖诸水，使之由白洋河出口，助黄刷沙，兼为高家堰等处一带堰堤之外藩者也。”查白洋河归由安徽泗县，经江苏泗阳，宿迁入于黄河（泗水），今湮。睢水亦由江苏睢宁至宿南入泗。归仁堤当在今宿迁。泗阳的运河以西一带。又，宿迁县西南六十五里有归仁集。

67. **高堰** 又称高家堰，今为洪泽湖东堤通称。旧日，堰不临湖，位于洪泽湖东北，在江苏省泗阳县南，接盱眙县界。相传堰始修于汉代陈登，以后明清多次修筑增建，全长一百二十里。清初邵远平《河工见闻录》载：“高家堰者，在山阳之西南隅。自清江浦起，二十五里曰武家墩，又十五里曰高家堰，又四十里曰高良涧，又二十里曰周家桥，又二十里曰翟家桥。东地皆膏腴，西为阜陵、泥墩、万家诸湖，西南为洪泽湖。堰外昔皆民田，田外为湖，湖外为淮。故此堰者所以御淮，而作郡城保障也。"可见高家堰为一地名，也是全堰之名。康熙十九年，在堰上建六座减水坝，三十九年又堵塞。其后又改为四坝、三坝、五坝、六坝等，多次变动。山阳，参阅本注释 8。

68. **铜瓦厢**　在今河南省兰考县境，本为黄河险工，于清咸丰五年（公元一八五五年）决口，东北流入山东境，夺大清河由利津入海，即改行现在河道。

69. **赵王河**　在山东省菏泽县城东。本名灉河，原黄河的支河。出自山东曹县西北境，东北流至菏泽县，与沮水合。东北经钜野、郓城，于寿张入黄河。《禹贡》"灉、沮会同"，即指此河。惟这一地区经常遭受洪水泛流，古今形势变迁极大，故迹难以详考。

70. **花园口**　在河南省郑州市北，为 1938 年国民党反动派扒口放水南流处。

71. **鸿沟**　《史记 · 河渠书》载："于东方则通鸿沟江淮之间"。是战国时人工开挖的运河，沟通黄河与淮河水系。见第二章第三节。

72. **邗沟**　春秋时，吴于邗江筑城穿沟，以通江淮，因名邗沟。今江苏境内运河，自江都西北抵淮安三百七十里，即古邗沟数经改造的水道。

73. **堰渎**　战围时沟通长江和太湖的水道。

74. **胥浦**　战国时沟通太湖和东海的水道。又，胥浦县为梁置，地接胥浦，因名。今为胥浦乡，在江苏省松江县西南。

75. **大梁**　今河南省开封市。战国时是魏都。

76. **圃田泽**　在河南省中牟县西。《水经注》载：圃田泽"东西四十余里，南北二百里许。中有沙冈，上下二十四浦。津流径通，渊潭相接。"今湮。

77. **通济渠**　《隋书 · 炀帝纪》载："大业元年开通济渠，自西苑引穀洛水达于河，自板渚引河达于淮。"板渚旧在河南汜水县（今镇）东北二十里。后以黄河南移，板渚沦河中。参阅本注释 155"汴河"。

78. **山阳渎**　即古邗沟，今江北运河。参阅本注释 72"邗沟"。《隋书 · 高祖纪》载："开皇七年，开山阳渎以通运漕。"山阳，参阅本注释 8。

79. **永济渠**　即今卫河。传为隋炀帝时所开，亦曰御河，又名南运河。唐、宋谓为永济渠。

80. **沽水**　河北省白河，古称沽水。

81. **桑乾河**　亦名卢沟河、浑河，清改名永定河。

82. **涿郡**　汉置，三国魏改为范阳郡，郡治在今河北省涿县。

83. **江南河** 指从镇江到杭州的运河。

84. **大都** 即今北京,元曰大都,德胜门外有土城,即元大都北城墙遗址。

85. **济州河** 即山东省济宁到东平间的运河,为元至元二十年(公元一二八三年)所开辟,以汶水为水源,南通泗水,北接会通河。

86. **通惠河** 明代又名大通河,自北京西郊玉泉山导流,绕京城,下流至通县,注入白河。元代开凿时以昌平县白浮泉为水源,后湮。

87. **邺** 在河南省临漳县西南。

88. **谷口** 在陕西省泾阳县西北。

89. **湟中** 在青海省东南境。

90. **池阳** 池阳县为汉置,在今泾阳县西北。

91. **冀州** 古九州之一。今河北、山西两省及河南省黄河以北、辽宁省辽河以西属之。周、汉皆有冀州。后汉,冀州刺史治鄗,故城在今河南省柏乡县北。汉末治邺,故城在今河南省临漳县西南。魏移信都,即今河北省冀县。

92. **黎阳** 汉置黎阳县,故城在今河南省浚县东北。后魏于县置郡。

93. **阌乡** 河南省阌乡县。

94. **三门** 在河南省陕县东北,为黄河所经,又称三门峡。近年拦三门筑坝,其上成水库。

95. **五户** 滩名,在黄河三门下游约一百二十里。

96. **六塔河** 河南省清丰县有六塔镇,宋时修六塔河即经此处。

97. **广武** 广武郡故城在今河南省中牟县东,后魏置,隋废。又,广武山在河南省境,东连荥泽,西接汜水。现在黄河南依广武山东流。荥阳有三皇山,上有二城,东曰东广武,西曰西广武。

98. **勃海** 即渤海。渤海郡,汉置,今河北省河间县以东至沧县,北至安次县,南至山东省无棣县,皆其地。郡治在浮阳,即今沧县。

99. **清河郡** 汉置,今河北省的清河、故城、枣强、南宫,山东省的清平,恩县、冠县、高唐、临清、武城之地。郡治在清阳,在今清河县东。

100. **信都** 信都郡,汉置,有河北省旧冀州、深州、景州等地。今冀县城东有信都故城。

101. **鄃** 在山东省平原县西南。

102. **清口** 在今江苏省淮阴县西南,古泗水入淮之口,本名泗口,亦称清河口。黄河夺泗入淮后,即为黄淮交汇之处。淮河到此,大部流入黄河归海,小部流入苏北运河。后来,洪泽湖扩大,淮河至此便与湖相合,清口遂成为洪泽湖的出口。清张希良《河防志》载:"清口者,运河(按:指苏北运河)入黄之口,即淮水所从出之口也。”清口则为黄、淮、运相会之所矣。

103. **北平** 明初改元朝大都为北平府,永乐初改为顺天府,迁都后称北京。

104. **黄陵冈** 在山东省曹县西南六十里,与兰封(今兰考)交界,为明黄河决口处。

105. **庙湾** 在江苏省阜宁县东南,射阳湖会诸水由此入海。

106. **茶城** 在今江苏省铜山县北,一作坨城为北来泗水(运河)会黄河处,亦即故黄河夺泗南流处。后又称镇口。

107. **张家湾** 在北京市通县南,运河所经。

108. **京口** 在江苏省丹徒县境。以京岘山得名。一说,谓京江之口也。

109. **直口** 在江苏省邳县故黄河北岸,又称直河口。明万历年间,将运河改行昭阳、微山湖东,由夏镇(今山东微山县)到直口入黄河,长约二百六十里。又,邳县为秦下邳县,北周置邳州。明省下邳县入州。清属徐州府,民国改州为县。按:古邳即在当时黄河北岸,直口在其东。

110. **天井闸** 在山东省济宁县境。

111. **中河** 为清康熙年间开辟的一段运河,在江苏省境,上接皂河张家庄运口,经宿迁、泗阳,至淮阴清口对岸的仲家庄,凡一百八十里。为在缕遥二堤间,就筑堤的取土塘挑挖成河,故名中河。其后又将南段修改,为新中河,与旧中河北段合为一河。参阅本注释169“新中河”。

112. **浊河** 为由今河南省兰考经砀山到徐州茶城的黄河河道。

113. **银河** 为由今山东省曹、单经丰、沛入昭阳湖的黄河河道。

114. **符离河** 为由潘家口经符离、睢宁入宿迁的黄河河道。符离集在今安徽省宿县北二十五里,曾一度为符离县治所在地。

115. **牡蛎咀** 在今山东省利津县铁门关外,为早年黄河入海处。

116. **清江浦** 旧为沙河,明初改名。今江苏省淮阴县即旧清江浦镇,运河由此出清口。

117. **云梯关** 为故黄河入海处,即黄河夺淮河入海之口,在今江苏省滨海县以东。

118. **崔镇** 在江苏省泗阳县西北。崔镇、徐升、季太、三义等四个减水坝均在泗阳县境。

119. **东郡** 秦取魏地置东郡,为魏都大梁以东之地。郡治濮阳,在今河南省濮阳县南。

120. **谷亭** 在山东省鱼台县东北四十里,南阳湖的西南滨。

121. **鲁桥** 在山东省济宁县东南六十里。

122. **赤河** 山东省阳谷到长清的一个支河。

123. **三义镇** 在江苏省泗阳县境。

124. **黄家坝** 在江苏省泗阳县境。

125. **皂河** 江苏省宿迁县西北四十里有皂河集。清康熙年间，挑通其地的沟渠淤河，上接泇河（指由夏镇到直河口的运河，见本注释109）下端的猫儿窝，下达宿迁张家庄入黄河，约六十里，以通漕运，即成为运河的一段。也就是说，皂河为由猫儿窝到张家庄间的新开运河。下接中河（见本注释111）为清初所开辟的运河。

126. **王家营** 在江苏省淮阴县以东，故黄河北岸。王家营减坝在中河口东北约十里。

127. **千乘** 千乘郡汉置，指山东旧青州府（治益都县）以北，至济南府（治历城县）东境的广大地区。郡治千乘，故城在高苑县北二十五里，南宋移千乘于广饶县地，金改为乐安，即今广饶县治。又，高苑为汉置，故城有二，均在今桓台县。今桓台为西高苑，县东十二里有古城，即东高苑。可见，汉千乘县在今广饶、桓台一带，而千乘郡的范围则甚为广大。西汉末，王莽始建国三年（公元一一年）河决魏郡，东徙入漯川故道，折北由千乘入海。入海处当指千乘郡，而确切地点则难以今日地理说明。盖以自今广饶、桓台以北，经滨县、利津，以迄霑化（今镇）、无棣，在当时少有县置，仅无棣为春秋齐国之无棣邑。今利津县则为汉湿沃县属地，隋蒲台县属地，金为永利镇，又升为利津县。是以广饶、桓台以北的广大地区，为有历史记载的黄河口三角洲逐渐发展所成。王莽始建国三年决口改道所经约有一千年。其间虽有决口和改道，但主要由千乘入海。是则，这一长期内，黄河的入海地点，主要当在今广饶至无棣间的以东地带，不得拘泥于千乘郡治所在左右。由于当时这一带县治尚少，对入海位置少所记载。且河口三角洲上的河道迁徙不常，难以固定，从今日利津以东河口三角洲上的河道变迁情况，亦可想见当年广饶、无棣以东河流形势。古今地貌不同，河口变迁不常，所以只能指出当时大体上的入海位置。

128. **碣石** 为《禹贡》所记黄河入海处。碣石所在，古今传说不一：有的说，在今河北省昌黎、乐亭一带；有的说，在今北京市区；有的说，在今山东省无棣一带；还有其他传说。既是传说，而且地形又有变化，亦只得以传说视之。

129. **济** 传说济水发源于河南省济源县，似不确。当源出河南省汜水、广武一带，流经山东省入海。今日黄河所流经的大清河，传为古济水故道。由于这一地带为黄河泛流所常经，济水流经确切地点难考。查今山东菏泽县为古济阴县，其东有旧济宁州（治今济宁县），更东有济南市（旧府治所在），济阳县等。河南为阴,河北为阳。这一路线,除济宁外,均沿今黄河。一说,在今济阳以东,济水流经今小清河入海。

130. **瓜洲** 在江苏省江都县南四十里江滨,地当运河之口,与镇江隔江相对。

131. **通州** 今江苏省南通县。

132. **盐河** 汶水旧在山东省东平县南,至安山湖合济水,曰盐河;流经今济南市(历城县),曰大清河。明初,筑戴村坝遏汶入济之道,遂西南流,凡八十里至汶上县,南北分流以济运。文献中常说黄河夺盐河入海,大概即指夺大清河入海。按:济水(大清河)与汶水均为淡水河,可能为古时运盐水道,故有盐河之称。

133. **青龙冈** 在今河南省兰考县境。

134. **顿丘** 春秋时卫邑,在今河南省浚县境。顿丘县为汉置,故城在今河南省清丰县西南二十五里。

135. **里河** 指江苏省的江北运河。

136. **衡工** 清嘉庆八年(公元一八〇三年),河南省封丘北岸衡家楼决口。衡工指这项堵口工程。

137. **烂泥浅** 地名,在旧洪泽湖以东的高家堰至清口间。以后湖区淤垫扩大,又曾开烂泥浅引河,以引湖水会黄。

138. **李吉口** 在今河南省兰考县境,为多次决口处。

139. **饮马池** 在河南省归德(治商丘)境。

140. **黄堌** 在山东省单县境,为决口处。

141. **草湾** 在江苏省淮阴县境,为决口处。

142. **杨家口** 砚北主人《河防要览》载:“正德四年,河决曹、单。八年复决黄陵冈。嘉靖六年,决曹、单、城武杨家口,冲鸡鸣台,阻运尤甚。”

143. **相** 后魏于邺县立相州,故治在河南省临漳县西。北周于安阳置相州,在今河南省安阳县境。

144. **铁门关** 在山东省利津县北,为铜瓦厢黄河决口改道北流初期入海处。

145. **开州** 金置,清属直隶省大名府,民国改为县,又改为濮阳县,今属河南省。

146. **侯家林** 在山东省郓城县境。

147. **贾庄** 今山东省东明县石庄户决口,后于菏泽县贾庄堵塞决口,时为清光绪元年。

148. **御黄坝** 在江苏省淮阴县清口一带。若黄水大涨,闭此坝以免黄水倒灌洪泽湖。如黄水不大,开坝令清水注入黄河,以资冲刷。

149. **栲栲湾** 在江苏省宿迁县境。

150. **障东堤** 为铜瓦厢决口改道后在山东省南岸所修的堤，西起菏泽，东至黄花寺，长二百六十里。

151. **古城** 古城驿在江苏省泗阳县西北六十里，在运河南岸，与宿迁县界毗连。

152. **峰山、龙虎山** 在江苏省睢宁县，北岸为鲤鱼山，南岸为峰山、龙虎山，两岸山峰相峙，黄河中流，河面仅宽百丈，而河底均系山脚。

153. **拦马湖** 在江苏省宿迁县北岸，建有拦马湖、朱家堂、温州庙三坝，以减黄河与拦马湖会合之水。

154. **虹县** 汉置虹县，故城在今安徽省五河县西，后废。唐置，移复丘城；清废，徙泗州县于此，即今泗县治。

155. **汴河** 亦曰汴渠，即汳水。其上游为古之荥渎，又曰南济，首受黄河。在荥阳曰浪荡渠，东流曰官渡水，又东经大梁城北，曰阴沟，曰汳水。其在大梁城南分流者曰鸿沟。按汴渠故道有二：一为古汴河故道，见本注释1“贾鲁故道”；一为隋以后的汴河，亦见上注释，并参阅本注释77“通济渠”；唐、宋漕东南之粟入京师，皆由此。《后汉书·王景传》载：东汉永平十二年议修汴渠，发卒数十万，遣王景与王吴修渠筑堤，自荥阳东至千乘海口千余里。明年夏筑成。所修治的河道为东汉以后黄河之所经。但以史称修汴渠，不言治河，因而对于汴渠引起后人许多揣测议论。

156. **江南** 指江苏省。江南本为长江以南的总称，但又通称江苏、安徽、江西三省为江南。清置江南省，辖今江苏、安徽两省。名曰江南，实兼有江北之地。康熙时分为江苏、安徽二省，江南布政使领江、扬、淮、徐、通、海六属。

157. **直隶省** 即今河北省。明永乐十九年，以北京为京师，以各府州直隶京师，称北直隶。清置直隶省。明初定鼎江苏省建康。改集庆路曰应天府，建为京师。洪武元年，以应天府为南京。因之常以“南直隶”称江苏省。故昔常以“两直”或“两直隶”称今日之河北、江苏两省。

158. **中州** 前燕置，故治在今河南临漳县西南四十里。但一般称河南省为中州。

159. **夏镇** 今山东省微山县。

160. **张家庄** 又称张庄，在江苏省宿迁县境，在皂河集南二十里，为皂河入黄河处。

161. **泇河** 这里所说的泇河为明改建运河的一段。东西泇河均发源于山东省费县，至江苏省邳县三合村（在邳县西北三十里）会合，又南入运河（即古泗水），谓之泇口。明万历间开泇河以通漕，自夏镇（微山县）至直口（邳县黄河北岸）开泇河二百六十里。因之，泇河又指这段运河。参阅本注释53、109和125。

162. **南阳**　南阳镇在山东省邹县境，南阳湖西岸，为明开新运河的起点。参阅本注释53。

163. **留城**　在夏镇（微山县）以南四十里，为明开新运河的终点。参阅本注释53。

164. **韩庄**　在山东省峄县西南六十里，地濒微山湖，有闸，旧为卫护漕运要地。

165. **良城**　隋以武原县改置，唐省。故良城县在今江苏邳县西北八十里。又良成县，汉为良成侯国。后汉曰良城县，北齐省。故城在今江苏邳县北六十里。

166. **利国监**　宋置，在江苏省铜山县东北八十里，接山东省峄县界。清改监为驿。

167. **胶莱河**　胶莱河为沟通山东半岛胶州湾与莱州湾的水道，为元世祖时所开，以通海运的河道。上游为白沙河，出山东省平度县北的明堂山，南流至县南分为二流。其东南流者曰胶莱南河。汇胶河、沽河，入胶州湾。自分水口西北流者曰胶莱北河，经平度、昌邑，入莱州湾。

168. **仲家庄**　在江苏省淮阴县西，清口的对岸，为中河的南端。参阅本注释111。

169. **新中河**　中河成后不久，在泗阳县以南改凿六十里，并改由杨庄出黄河，称新中河。

170. **猫儿窝**　在江苏省邳县境，为皂河与泇河相接处。参阅本注释125。

171. **束清坝**　在通洪泽湖与清口间的张福等引河的下口。湖水弱时，将两坝接长，收束水势，以蓄清敌黄。湖水涨时，将两坝相机拆除，俾水畅通，免使泛滥，并保湖堤。

172. **云台山**　一名郁林山，在江苏省灌云县东北，旧在海中郁岛，后连大陆，幽深秀特，常冠云气。一名青顶峰，其北有望日峰，其阳有青云洞。

173. **白马**　白马山在河南省滑县东三十四里。《水经注》载：白马山距白马故城五十里。

174. **泗州**　宋时移治盱眙，在今安徽省盱眙县东北。元还治临淮，在今盱眙县西北八十里，今泗县东南。清康熙时沦入洪泽湖。明祖陵在泗州东北十余里。

175. **清州**　唐乾宁郡。宋改清州为乾宁郡。金仍曰清州。明废为青县，即今河北省青县治。

176. **滨州**　五代周置，宋曰滨州勃海郡，金曰滨州。明属山东省济南府，清因之。民国改为滨县。

177. **缕堤**　缕堤与遥堤是内外双重堤的名称。缕为近河之堤，遥为距河较远之堤。黄河自铜瓦厢决口改道后，初以“改道”与“归故”之争未决，民众乃沿泛流筑堤防水，称为民埝。改道议定，有的就民埝加修为大堤（又称官堤），有的退修，而民埝尤存。民埝颇与“南河”缕遥相似。明潘季驯倡“筑堤束水，以水攻沙”之说，“筑遥堤以防其溃，筑缕堤以束其流”。详见第六章。

178. **泰州**　南唐置，宋因之，治海陵。明省海陵县入州。清属江苏省扬州府。民国改为泰县。

179. **硶砾**　据《德州志》（清乾隆版）载，在今河南省原武县境。写道：漯水“发源于黑洋山。在今河南原武县境内。多乱石，故一名硶砾，东流经大伾山……”但他书多记周定王五年的决口在宿胥口，在今淇河与卫河合流处，如本稿第二章第二节所引。今淇卫合流处在汲县与滑县间。不知是由于地貌变化，合流处迁徙，抑或两记根本不同。又，浚县西北七十里有黑山。颇近今淇卫合流处，不知《德州志》所记黑洋山是否为黑山之误。均待考。

180. **胙城**　故城在今河南省延津县北三十五里。

181. **曹州**　春秋曹国。后魏置西兖州，北齐改为曹州，治所地在今曹县西北七十里。金移治古乘氏，即今菏泽县。明移州还治曹县界安陵镇，又徙治盘石镇。寻降州为曹县，即今曹县治。别置曹州，以曹县属之。清升州为曹州府，置菏泽县为府治。民国废府。

182. **黄河故道与有关水系**　黄河下游二十五万平方公里的大平原为黄河冲积所成。这一造陆工作还在继续进行。换言之，大平原各处均为黄河泛滥所流经。在大平原逐渐生成的过程中，亦必然有一些自然的排水河道随之生成，但是它们也必然常为黄河泛流所湮没，而自行迁徙改流，另成系统。同时，由于河口三角洲的日趋发展，海岸线亦必逐渐后退，有新陆出现，而为排水河道亦必随之有所变化。所以要根据现在地理形势，来考据古代黄河故道及其有关水系的流经地点，是比较困难的。再则，古籍记载间有简略残缺，后人考据诸说又常杂陈难辨，实况难明。因之，有时亦只能略述大概。除前述各条为根据文献考证外，再补充几点如下：

古漯水所经，约为今浚县、滑县、濮阳、朝城、清平、禹城，以下则在今徒骇河之南，或即今黄河所经。

唐故大河北支、宋二股河故渎（即东流）、笃马河故道，都在今马颊河左右。

王莽始建国三年（公元一一年）改道后，所流经的故道时间较久。这时河决魏郡(见本注释 28),河道东南徙入漯川故道,至禹城离漯北行,经今山东省临邑,惠民等地,至古千乘郡入海。按汉时千乘郡的范围颇广。如本注释 127 所记。

屯氏河名称繁多,如屯氏三渎,即左渎、右渎、三渎;又有屯氏别渎、屯氏支渎等称。大都在今马颊河以北,以迄今卫河。传说卫河亦为古屯氏河所经。

附录二　参考书目

1. 刘天和(《问水集》,六卷,一册。中国水利珍本丛书,据存素堂抄本及影钞明刻本校印。一九三六年南京东南印刷所印。

2. 潘季驯《河防一览》,十四卷,四册。中国水利珍本丛书,据乾隆戊辰(公元一七四八年)河署刊本校印。一九三六年南京东南印刷所印。

3. 靳辅《治河方略》,十卷,十一册。安澜堂藏板,有嘉庆四年(公元一七九九年)三月靳文钧重刊序。

4. 万恭《治水筌蹄》,朱更翎据清华大学藏本整理。原本有“后学长洲张文奇重刊于南旺公署”字样,并盖有“丰华堂印”。手抄本。水利水电科学研究院藏。

5. 潘季驯《总理河漕奏疏》,十三册(缺一册)。资源委员会抄本。有万历戊戌岁(公元一五九八年)余寅序。水利水电科学研究院藏。

6.《靳文襄公奏疏》,八卷,八册。有张大有序。

7. 黄河水利委员会《人民黄河》,一册。水利电力出版社,一九五九年六月第一版。

8. 冯祚泰《治河前策》,两卷,两册。有乾隆七年(公元一七四二年)自作书后。手抄本。水利水电科学研究院藏。

9. 冯祚泰《治河后策》,两卷,两册。有乾隆七年自作书后。手抄本。水利水电科学研究院藏。

10. 范玉琨《安东改河议》,两卷,两册。小灵兰馆家乘。有道光二十五年(公元一八四五年)志《安东改道议》始末。

11. 范玉琨《佐治刍言》,一册。小灵兰馆家乘。有道光九年自记,道光二十一年吴嵰序。

12. 刘成忠《河防刍议》,一册。刊于同治甲戌(公元一八七六年)。

13.《栗恭勤公砖坝成案》,一册。光绪壬午(公元一八八二年)刊于东河节署。

14.《黎襄勤公奏疏》,六卷,两册。道光丁亥(公元一八二七年)版。有孙玉庭道光乙酉序。

15. 张希良《河防志》,十二卷,十二册。

16. 朱之锡《河防疏略》,二十卷,十册。李之芳定,徐沁辑。施闰章康熙戊申

(公元一六六八年)序。全国经济委员会水利处抄本。水利水电科学研究院藏。

17.《潘方伯公遗稿》,六卷,六册。潘学祖编。光绪二十二年(公元一八九六年)刊印。

18. 李若星《总理河道奏议》,四册,缺第二册。资源委员会抄本。水利水电科学研究院藏。

19. 嵇曾筠(《河防奏议》,十卷,五册。有雍正十一年(公元一七三三年)九月十八日自序。

20. 周堪赓《治河奏疏》,两卷,两册。光绪壬辰(公元一八九二年)十一月沩水校经书院刊。

21.《张公奏议》。二十四卷,二十四册。嘉庆五年(公元一八〇〇年)江南河库道刊板。

22.《行水金鉴》传泽洪辑录,一百七十五卷,八册。有雍正三年(公元一七二九年)一月传泽洪序。国学基本丛书,商务印书馆发行,民国二十六年(公元一九三七年)十一月初版。

23.《续行水金鉴》黎世序等纂修,一百五十六卷,十册。有道光十一年(公元一八三一年)七月潘锡恩序,道光壬辰张井序。国学基本丛书,商务印书馆发行,民国二十六年十一月初版。

24.《再续行水金鉴》武同举等编校,一百四十九卷,十五册。民国三十一年(公元一九四二年)编纂。

25.《豫河志》吴篔孙编。民国十九年(公元一九三〇年)重印本。

26.《豫河续志》陈善同编,二十卷,十二册。民国十五年(公元一九二六年)十月河南河务局印。

27.《豫河三志》陈汝珍编,十二卷,六册,有民国二十一年(公元一九三二年)序。开明印刷局印。

28. 陈潢《天一遗书》,二册。杨象济抄本。有咸丰甲寅(公元一八五四年)闰七月杨象济序。北京图书馆藏。

29. 李国祥《河工诸议》,五册。第一册有万历己亥(公元一五九九年)自序,第四册有万历乙巳自序。北京图书馆藏。

30. 佚名《河防志·经画》,三册,列为卷之三,当为全书之一部。抄本。北京图书馆藏。

31.《周恭肃公集》,十六卷,十二册。有嘉靖己酉(公元一五四九年)八月朱希周序。木版。北京图书馆藏。

32. 白钟山《南河宣防录》,二卷,二册。乾隆刻木版本。北京图书馆藏。

33. 赵起元《介石堂水鉴》,六卷,二册。乾隆刻木版本。内有翁同书墨题"福建巡抚采进本"及读后记。北京图书馆藏。

34. 凌鸣喈《昭代丛书·疏河心镜》,为丛书第九十二册的补编卷之二十一。北京图书馆藏。

35. 佚名《河工书》,一册。明刻本。北京图书馆藏。

36. 陈法《河干问答》,一册。清道光刊,木版。北京图书馆藏。

37. 陈法《河干问答》附《定斋河工书牍》、《塞外纪程》,一册。黔南丛书别集本。有民国二十四年(公元一九三五年)凌惕安序。中国营造学社发行。水利电力部图书室藏。

38. 孙鼎臣《河防纪略》,四卷,四册。清咸丰刻。有咸丰戊午(公元一八五八年)何秋涛序。北京图书馆藏。

39. 崔维雅《河防刍议》,六卷,六册。蓝晒本。前四册为木版,后二册为手抄。北京图书馆藏。

40. 龚元玠《黄淮安澜编》,两卷,一册。清嘉庆戊寅(公元一八一八年)刊,版藏环堵山房。水利电力部图书室藏。

41. 曹胤儒《河渠考略》,一册。抄本。北京图书馆藏。

42.《漕黄要览》,只有卷二,一册。明刻本。北京图书馆藏。

43. 邵远平《河工见闻录》,两册。北京图书馆藏。

44. 刘鹗《治河五说》,附抄《治河续说》二,合订一册。有朱启钤民国二十六年(公元一九三七年)墨识。北京图书馆藏。

45. 刘永锡《河工蠡测》,一册。有乾隆四年(公元一七三九年)李绂序。北京图书馆藏。

46. 董毓琦《治河管见》,一册。清光绪刊。北京图书馆藏。

47. 白钟山《豫东宣防录》,六卷,十册。北京图书馆藏。

48. 林修竹、徐振声《历代治黄史》,六卷,两册。有民国十五年(公元一九二六年)林修竹序。水利电力部图书室藏。

49. 叶锡麒《观河存稿》,抄《習坎斋文稿卷十五》,一册。有朱启钤墨题签。北京图书馆藏。

50. 李佳白《河工策》,一册。尚贤堂印,铅字版。北京图书馆藏。

51. 林则徐《畿辅水利议》,一册。光绪丙子(公元一八七六年)三山林氏开雕。北京图书馆藏。

52. 吴山《治河通考》,十卷,二册。有嘉靖癸巳(公元一五三三年)崔铣序,崇祯戊寅(公元一六三八年)吴士颜序。北京图书馆藏。

53. 包世臣《中衢一勺》,三卷,一册,为《安吴四种》的第一部分。道光丙戌(公元一八二六年)刻。有道光五年(公元一八二五年)十二片自序。又附录四卷二册。最后一文写于道光十八年。共七卷,三册。北京图书馆藏。

54. 砚北主人《河防要览》,四卷,二册。有光绪十四年(公元一八八八年)自序。北京图书馆藏。

55.《治河汇览》,八卷,八册。光绪十一年(公元一八八九年)刻本。前五卷名《治河方略》,为靳辅著。卷六及卷七,分别为《安澜纪要》及《回澜纪要》,卷八为《河防文编》。水利电力部图书室藏。

56. 张霭生《治河述言》,载于《治河汇览》卷四,其他书集亦有转载。为陈潢原论,张霭生编纂。

57. 康基田《河渠纪闻》,三十一卷,四册。中国水利珍本丛书。一九三六年,中国水利工程学会影印。

58. 岑仲勉《黄河变迁史》,十六章,一册。人民出版社出版。一九五七年六月印刷。